카레 370 레시피

Curry Recipe

Jinsuke Mizuno 지음

용동희 옮김

GREENCOOK

들어가며

카레를 만들고 싶다거나 먹고 싶다는 생각이 들 때, 우리의 머릿속에는 얼마나 다양한 카레가 떠오를까?

10가지? 50가지? 「아니, 내 머릿속에는 100가지 카레가 들어 있어요.」라는 사람도 있을 수 있다. 하지만 실제로는 훨씬 더 많다. 무한대라고 말해도 좋을 정도다.

지금까지 수십 권의 레시피 책을 통해 아마도 총 1,000가지 이상의 레시피를 제안한 것 같다. 20년 이상 해온 출장요리와 라이브쿠킹 현장에서도 1,000가지가 넘는 카레를 만들어 왔다. 그것만으로도 레퍼토리는 2,000가지 이상이 된다.

이 책은 그런 수많은 카레 중 엄선된 370가지 레시피를 소개한다. 그리고 오랫동안 카레와 관련된 활동을 통해 동료가 된, 믿을 만한 셰프들과 「틴 팬 카레」라는 그룹을 결성했다. 셰프들의 식견과 아이디어를 모아, 생각할 수 있는 온갖 장르의 카레를 다루고 있다.

비행기에 타 이륙한 후 창밖을 보면, 본 적 없는 새로운 경치를 마주하게 된다. 일상에서 조금만 눈을 돌리면, 세상을 멀리서 바라보거나 다른 각도에서 보는 즐거움이 생긴다. 이 책이 우리가 알고 있는 카레의 경치를 크게 바꿔주는 한 권이 될 것이다.

맛있는 카레를 만들고 싶거나, 맛있는 카레를 먹고 싶다면 꼭 이 책을 펼쳐 보기 바란다. 활주로가 없어도 날갯짓은 할 수 있으니까.

미즈노 진스케

CONTENTS

얼굴 아이콘

「틴 팬 카레」 멤버는 7명이다. 각자 특기인 분야에 맞춰 370가지 레시피를 만들었다. 누가 어떤 레시피를 만들었는지는 오른쪽 아이콘으로 표시했으니, 참고 바란다. 멤버 프로필은 P.287에 나온다.

Mizuno Jinsuke   **Ito Sakari**   **Watanabe Masayuki**   **Shankar Noguchi**

Nair Yoshimi   **Shima Kenta**   **Sato Koji**

이 책의 사용법

- 1작은술은 5㎖, 1큰술은 15㎖, 1컵은 200㎖이다.
- 전자레인지는 600W가 기준이다.
- 냄비는 지름 22㎝, 깊이 9㎝의 편수냄비, 프라이팬은 지름 24㎝인 것을 사용했다. 냄비와 프라이팬은 두툼하고 불소수지가공한 것을 추천한다. 크기와 재질에 따라 열전달이나 수분증발 방식 등에 차이가 날 수 있다.
- 뚜껑은 냄비와 프라이팬 크기에 맞고 되도록 밀폐 가능한 것을 사용한다.
- 채소류는 따로 표기가 없는 경우, 씻거나 껍질을 벗기는 등의 밑준비를 마친 후의 과정을 설명한다.

카레 세계로 초대합니다

이왕 만든다면 맛있는 카레를 만들고 싶다.
「빨리 만들고 싶어!」 하는 조급함을 줄이고
카레에 대해 조금은 알아두는 것,
바로 맛있는 카레 요리로 가는 지름길이다.
매혹의 세계로 새로운 한 발을 내디뎌 보자!

카레의 4가지 요소

카레를 카레답게 만들어 주는 요소는 무엇일까?
맛있는 카레를 먹을 때, 구성요소를 의식해가며 맛본다면
더욱 깊은 맛을 느낄 수 있다.

맛 × 향 × 재료 × 숨은 맛

카레란 무엇일까? 사실 구성요소는 정말 심플하다.
이 4가지 요소만 이해하면 카레는 저절로 맛있어진다.
어떤 맛을 내고 싶은지, 어떻게 향을 살릴지, 재료와 숨은 맛은 무엇을 넣을지,
여러모로 고민하는 것도 카레 만들기의 재미다.

맛의 베이스

기본적으로 향신료와 채소를 뭉근히 볶아 향과 감칠맛을 끌어내면 맛의 베이스가 된다.
하지만 루 등으로 손쉽게 맛을 내는 방법도 있다.

루

향신료, 소금, 오일, 밀가루, 숨은 맛 등이 들어간 루는
'모두가 좋아하는 맛'을 만들기 위해 기업이 노력한
결과물이다.

카레 양념

손쉽게 만들고 싶은데 루만으로는 부족하다면, 미리
「카레 양념」을 만들어 놓는 것도 좋다. 더욱 스파이
시하게 완성된다.

* 「카레 양념」은 P.131 ~ 132를 참고한다.

향신료의 향

카레하면 제일 먼저 떠오르는 것이 향이다. 향신료의 가장 중요한 역할은 「향 내기」이다.
효과적으로 사용하려면 넣는 순서도 중요하다.

첫 향

대부분 향신료 카레는 홀 향신료를 오일과 함께 볶는
데서 시작한다. 향이 잘 전달되기 어려운 홀 향신료
는 뭉근히 볶아야 향이 나는데, 그 향이 오일로 옮겨
진다.

중간 향

파우더 향신료는 약불에 넣고 바로 저으면 잘 타지
않는다. 오일과 어우러져야 향신료의 향이 살아난다.
카레의 색감을 결정하는 것도 파우더 향신료의 역할
이다.

마무리 향

마지막에 생 향신료를 넣고 살짝 섞으면, 신선한 향
이 악센트가 되어 카레 전체의 맛을 정리해 준다. 향
이 날아가지 않도록 아주 살짝만 가열한다.

재료의 맛

「카레에 어울리지 않는 재료는 없다」고 해도 과언이 아니다!
고민 끝에 주재료를 정했다면, 그 재료에 맞는 방법으로 맛있게 요리하자.

고기

생고기를 그대로 카레에 넣는 것도 괜찮지만, 미리 소테하면 고소함이 더해진다. 마리네이드한 후 넣는 방법도 추천한다.

생선

생선은 너무 많이 익히지 않는 것이 중요하다. 살이 단단해지고 비린내가 나기 쉽기 때문이다. 소스를 마무리할 때 동시에 익는 정도가 좋다.

채소

인도에는 채식주의자가 많아 채소 카레도 종류가 많다. 다져서 소스처럼 사용하기도 하고, 재료의 주인공이 되기도 한다.

기타

엄밀히 말하면 「채소」에 속하지만, 식감을 살려주는 콩류도 중요한 카레 재료 중 하나다. 으깨서 부드럽게 만든 달도 맛이 좋다.

숨은 맛 속의 감칠맛

조금 넣는 것만으로도 깊이를 더하는 숨은 맛.
만들고자 하는 이미지에 도움되는 숨은 맛을 선택하자. 양은 적당히 넣는다.

수분

와인

중후한 맛과 향으로 카레맛에 깊이를 더한다.

주요 아이템
·와인
·커피

유제품

버터

농후하고 부드러운 맛으로, 감칠맛을 내는 데 가장 수월하다.

주요 아이템
·버터   ·요구르트
·생크림   ·치즈

감미료

마멀레이드

단맛뿐 아니라 향과 감칠맛도 더해져 일석이조.

주요 아이템
·마멀레이드   ·흑설탕
·꿀   ·초콜릿
·블루베리잼

발효조미료

간장

카레를 친숙한 맛으로 단번에 변화시켜 풍미를 더하는 역할.

주요 아이템
·간장   ·맛술
·누룩소금   ·남플라
·미소   ·씨겨자

다시류

콩소메 가루

감칠맛이 더해져 반드시 맛있어진다.

주요 아이템
·콩소메 가루   ·말린 멸치
·다시 가루   ·가츠오부시
·다시마   ·말린 새우

기타

견과류 믹스

견과류 등의 감칠맛이 카레를 풍부한 맛으로 만든다.

주요 아이템
·견과류 믹스
·튀긴 양파
·간 참깨

누구나 궁금해하는 양파 테크닉

카레에 꼭 필요한 양파는 조리방법이 다양하다.

그중에서도 기본기술을 엄선해 소개한다.

이것만 가능해도 일단 OK!

자르는 방법은 3가지면 충분!

왜 레시피에 따라 양파 자르는 방법이 달라질까?

자르는 방법에 따라 가열 정도도 달라지고, 완성했을 때의 풍미와 식감에 영향을 미치기 때문이다.

완성 상태를 고려해 자르는 방법을 정할 수 있다면, 카레 상급자라고 볼 수 있다.

슬라이스	다지기	웨지모양으로 썰기

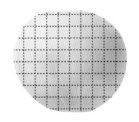 

세로로 반 자른 후 결 방향에 따라 얇게 슬라이스하면, 익히기도 쉽고 식감도 잘 산다. 자르기 쉬운 것도 포인트.

애써 곱게 다질 필요 없이, 굵게 다지는 정도로 OK. 카레와 어우러져 걸쭉한 식감이 된다.

세로로 반 자른 후 결 방향과 평행이 되게 자른다. 양파 본래의 단맛과 감칠맛을 그대로 느낄 수 있다.

어떻게 볶아야 하나요?

양파를 가열하면 색이 들고 고소함이 더해지며(마이야르 반응),
수분이 날아가서 감칠맛이 응축된다. 이것이 맛있는 카레의 베이스다.
초보자도 쉽게 시도할 수 있는 2가지 방법을 마스터해 보자.

볶기　고소하게 완성되는 양파 조리의 기본

1 냄비에 오일을 둘러 중불로 가열한 후 양파를 넣는다.

2 가볍게 섞은 후 센불로 올리고, 양파를 풀어가며 냄비에 넓게 펼쳐서 볶는다.

3 노릇하게 구운 색이 들 때까지, 그대로 굽듯이 볶는다.

끓이듯 볶기　양파의 걸쭉함과 단맛을 즐길 수 있다.

1 냄비에 양파와 물(또는 뜨거운 물)을 담고, 뚜껑을 덮어 10분 정도 센불로 끓인다.

2 뚜껑을 열고 저어가며 냄비 바닥의 수분을 날린다.

3 오일을 두르고, 전체를 가볍게 섞은 후 양파의 표면을 굽듯이 볶는다.

4 양파에 색이 들면, 골고루 섞으면서 고르게 익도록 볶는다.

---

memo

가장 알맞은 양파 색깔은?

양파 익히는 방법을 알고 나면 「근데, 언제까지 볶아야 하지?」라는 의문이 들기 마련이다. 이때 어떤 맛과 색을 내고 싶으냐에 따라 달라지겠지만, 우선 「여우색」을 목표로 하면 OK. 더 섬세하게 조절하고 싶다면, 담백하게 만들고 싶을 때는 「여우색 전(족제비색)」, 감칠맛을 내고 싶을 때는 「여우색 후(너구리색)」로 구분해 볶는다.

여우색 전 (족제비색)　　여우색　　여우색 후 (너구리색)

기본 도구

익숙한 도구가 있다면, 그리 신경쓸 필요는 없다! 하지만 냄비는 가열 정도에 큰 영향을 준다. 두툼한 것을 고르면 실패할 일이 적다.

01
강판
마늘이나 생강을 갈 때 요긴하다.

02
볼
크고 작은 사이즈로 몇 개 있으면 좋다. 마리네이드 등에도 사용할 수 있다.

05
계량컵
내열유리로 만든 것이 편리하다. 루를 뜨거운 물에 녹여 사용하는 볶은 카레에도 유용하다.

06
전자저울
식재료나 향신료 등을 계량하는 데 사용한다.

07
도마
특별한 것이 필요 없다! 청결하게 사용하자.

08
칼
익숙한 것이 최고. 칼이 잘 들도록 준비한다.

03
내열용기
유리 등의 내열용기는 향신료를 계량할 때도 편리하다.

04
계량스푼
평평하게 만들기 쉬운 것을 추천한다. 향신료도 이것으로 계량한다.

09
냄비
불소수지가공한 두툼한 냄비를 선택한다. 뚜껑이 있는 편수냄비를 추천.

10
그릇
그릇에 따라 카레의 분위기가 달라진다. 좋은 느낌을 주는 그릇을 고르자.

11
나무주걱
볶는 과정이 많은 카레의 짝꿍이다. 색이 들지 않도록 주의.

12
고무주걱
냄비 속을 긁어낼 때 꼭 필요한 아이템.

13
국자
서빙스푼이 카레를 담을 때 편리하다.

14
커틀러리
마음에 들고 사용하기 쉬운 것이라면 OK.

틴 팬 카레

어느 길모퉁이에 오래되고 자그마한 건물이 있다. 「틴 팬 카레」라는 간판과 함께. 안으로 들어서면 향신료의 향이 확 퍼진다. 건물 안은 층마다 방으로 나뉘어 있고, 가장 큰 방에서는 책을 팔고 있다. 그렇다. 바로 카레 레시피를 전문적으로 판매하는 서점이다. 새로운 레시피를 찾아 셰프, 전문가, 일반인까지 다양한 사람이 찾아온다.

독특한 점은 이곳이 단순한 서점이 아니라는 것이다. 책장 한쪽에 상담 코너가 있다. 원하는 레시피를 상담해 주거나, 궁금한 레시피를 가져오면 다른 방으로 안내해 준다. 각 방마다 작은 간판이 걸려있다. 「기본 카레」, 「프로용 카레」, 「아마추어용 카레」, 「북인도 카레」, 「남인도 카레」, 「카레빵/기타」, 「향신료 반찬」, 이렇게 총 7가지 방이 있다.

안내대로 문을 열면 셰프가 기다리고 있다. 간단한 주방이 있어 궁금증을 해결해 줄 뿐 아니라, 조리할 때 필요한 조언도 가능하다. 7명의 레시피 개발 & 조리 전문가 집단이 기다리고 있는 건물, 이곳이 「틴 팬 카레」이다. 뭐라도 장소가 있었으면 좋겠는데, 라는 상상에서 시작된 곳이다. 참고로 「기본 카레」를 담당하는 사람이 미즈노 진스케다. (미즈노 진스케)

Part

1

루와 향신료의 차이

루로 만든 카레와 향신료로 만든 카레.

뭐가 다르고, 어느 쪽이 더 맛이 좋을까?

카레는 만드는 사람에 따라 천차만별!

중요한 건 내가 어떤 카레를 만들고 싶은지다.

각각의 특징을 알고 취향이나 상황에 맞게 사용하자.

카레 만들기의 주요 아이템

카레에 필요한 향과 맛은 아래 아이템에 의해 성립한다.

노력해서 제대로 된 카레를 만들고 싶다면, 구분해 사용하자!

정성을 들여 향이 좋은
본고장의 카레를
만들고 싶어!

향은 즐기고 싶지만
향신료를 다양하게
준비하기가 힘들어 ……

루 카레 보다
제대로 된 요리를
쉽게 만들고 싶어!

| 향신료 | 카레가루 | 카레 페이스트 |

향신료의 역할은 향을 내는 것이
다. 다양한 향신료를 조합해 카레
의 향을 만든다. 맛과 감칠맛은 다
른 식재료나 조리기술로 보완한다.

다양한 향신료를 갖추는 것이 카
레의 묘미지만, 번거롭다면 파우
더 향신료가 블렌딩된 카레가루가
도움이 된다. 맛과 감칠맛은 따로
더해야 한다.

카레 페이스트에는 향신료뿐 아
니라 양파 등의 채소와 감칠맛 성
분이 들어있다. 따라서 물, 재료와
함께 끓이기만 하면 손쉽고 맛있
게 완성할 수 있다.

여러 향신료를
블렌딩함

양념과
향미채소를 넣어
감칠맛 UP

걸쭉함과
감칠맛을 더해
플레이크 형태로

기술이 필요함 ◀ ••••••••••••••••••••••

인도카레 페이스트와 태국카레 페이스트의 차이

인도카레 페이스트에는 볶은 양파가 이미 들어있다! 양파 볶는 번거로움을 덜 수 있어 편리하다. 한편 태국카레 페이스트에는 태국산 마늘과 생강을 비롯, 레몬그라스 같은 허브와 향미채소 등이 듬뿍 들어있어 정통 카레의 맛을 손쉽게 즐길 수 있다.

적은 양을
빠르게 조리하고 싶을 때
최고의 아이템은?

정통 카레맛을
실패 없이 내려면?

무엇보다 간편하게
빨리 먹고 싶다면!

카레 플레이크

카레 루

레토르트 카레

카레 페이스트에 밀가루와 유지를 더한 카레 플레이크. 양을 직접 조절해 넣을 수 있고 잘 녹는다는 점이 포인트로, 적은 양을 빠르게 만들고 싶을 때 편리하다.

가정식 카레는 보통 카레 루로 만든다. 카레 플레이크와 동일한 재료를 유지로 굳힌 것인데 맛, 감칠맛, 걸쭉함을 충분히 낼 수 있다. 특별한 기술 없이도 손쉽게 사용할 수 있는 아이템.

완성된 재료가 들어있어 「데우기만 하면 되는」 레토르트 카레. 최근에는 슈퍼마켓 등에서 다양한 종류를 팔고 있어서, 제대로 된 카레를 부담없이 즐길 수 있다.

유지로 굳혀
손쉽게 사용

루와 재료가
모두 들어감!

기술이 필요 없음

001 기본 루 카레

왠지 모를 그리움이 느껴지는 기본 루 카레.
생강으로 개운한 맛을 내는 것이
「틴 팬 카레」 스타일.
여기서는 치킨으로 만들었지만, 돼지고기든 소고기든
취향에 따라 선택해도 좋다.

재료(2인분)
_____

닭다리살(한입크기로 썬) ··· 150g
오일 ··· 1큰술
마늘(작은 것, 다진) ··· 1쪽
양파(웨지모양으로 썬) ··· 1/2개
감자(작은 것, 한입크기로 썬) ··· 1개
당근(작게 한입크기로 썬) ··· 1/3개
물 ··· 400㎖
간장 ··· 1작은술
마멀레이드 ··· 1작은술
카레 루 ··· 2인분
생강(채썬) ··· 1쪽

닭다리살과 마늘을 볶는다

1 냄비에 닭다리살을 넣고 중불로 볶는다.

2 겉면에 구운 색이 들 때까지 볶은 후 꺼낸다.

3 같은 냄비에 오일을 둘러 중불로 가열한 후, 마늘을 넣고 고소한 향이 날 때까지 볶는다.

Step 1	Step 2	Step 3	Step 4	Step 5
닭다리살과 마늘을 볶는다	양파를 볶는다	재료를 넣고 끓인다	숨은 맛을 넣고 졸인다	루를 넣어 완성한다

양파를 볶는다

4 양파와 물(분량 외)을 넣는다.

5 3분 정도 약불로 끓인다.

6 양파가 투명해지면 나무주걱으로 볶아 수분을 날린다.

7 여우색으로 변할 때까지 중불로 볶는다.

Step 1	**Step 2**	Step 3	Step 4	Step 5
닭다리살과 마늘을 볶는다	양파를 볶는다	재료를 넣고 끓인다	숨은 맛을 넣고 졸인다	루를 넣어 완성한다

재료를 넣고 끓인다

8 감자와 마늘을 넣어 섞는다.

9 물을 붓고, 5분 정도 약불로 끓인다.

10 육수가 사진 정도의 색이 되면 OK.

Step 1	Step 2	**Step 3**	Step 4	Step 5
닭다리살과 마늘을 볶는다	양파를 볶는다	재료를 넣고 끓인다	숨은 맛을 넣고 졸인다	루를 넣어 완성한다

Step 4
숨은 맛을 넣고 졸인다

11 간장을 넣고 섞는다.

12 마멀레이드를 넣고 섞는다.

13 뚜껑을 덮고 5분 정도 약불로 졸인다.

Step 1	Step 2	Step 3	**Step 4**	Step 5
닭다리살과 마늘을 볶는다	양파를 볶는다	재료를 넣고 끓인다	숨은 맛을 넣고 졸인다	루를 넣어 완성한다

루를 넣어 완성한다

14 불을 끄고 뚜껑을 연 후, 루를 녹여 섞는다.

15 생강을 넣어 섞고, 약불로 살짝 끓인다.

완성

Step 1	Step 2	Step 3	Step 4	**Step 5**
닭다리살과 마늘을 볶는다	양파를 볶는다	재료를 넣고 끓인다	숨은 맛을 넣고 졸인다	루를 넣어 완성한다

002 기본 향신료 카레

향신료 카레가 어렵다고?
사실 향신료를
준비해 두었다면
의외로 어렵지 않다.
익숙해지면 향신료의 양을
자유자재로 조절해 보자!

재료(2인분)

양파(큰 것, 웨지모양으로 썬) … 1/2개
뜨거운 물 … 150㎖
오일 … 2큰술
● 홀 향신료
  카다몬(홀) … 2개
  정향(홀) … 3개
  시나몬스틱 … 1/3개
마늘(다진) … 1쪽
토마토(듬성듬성 썬) … 200g

● 파우더 향신료
  터메릭 … 1/2작은술
  파프리카파우더 … 1/2작은술
  커민파우더 … 1작은술
  코리앤더파우더 … 1작은술
소금 … 1/2작은술(조금 많게)
닭다리살(한입크기로 썬) … 250g
물 … 200㎖
마멀레이드 … 1큰술
진간장 … 2작은술
생강(채썬) … 1쪽
가람마살라 … 1/2작은술

양파를 볶는다

1 냄비에 양파와 뜨거운 물을 넣고 센불로 끓인다.

2 뚜껑을 덮고 그대로 10분 정도 끓인다.

3 뚜껑을 열고, 수분이 없어질 때까지 중불로 볶는다.

Step 1	Step 2	Step 3	Step 4	Step 5
양파를 볶는다	홀 향신료를 넣고 볶는다	파우더 향신료를 넣고 볶는다	닭다리살을 넣고 끓인다	가람마살라를 넣어 마무리한다

홀 향신료를 넣고 볶는다

4 오일, 홀 향신료,
마늘을 넣는다.

5 나무주걱으로 섞으면서
향이 날 때까지 중불로 볶는다.

6 양파가 여우색이 될 때까지 볶는다.

Step 1	Step 2	Step 3	Step 4	Step 5
양파를 볶는다	홀 향신료를 넣고 볶는다	파우더 향신료를 넣고 볶는다	닭다리살을 넣고 끓인다	가람마살라를 넣어 마무리한다

파우더 향신료를 넣고 볶는다

7 토마토를 넣고 섞는다.

8 토마토가 뭉개질 때까지
수분을 날리며 볶는다.

9 주걱으로 냄비 바닥을 밀었을 때, 양쪽
에서 수분이 밀려오지 않으면 OK.

／　이것을 카레로드라고 한다　＼

10 파우더 향신료와
소금을 넣는다.

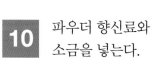

Step 1	Step 2	**Step 3**	Step 4	Step 5
양파를 볶는다	홀 향신료를 넣고 볶는다	파우더 향신료를 넣고 볶는다	닭다리살을 넣고 끓인다	가람마살라를 넣어 마무리한다

닭다리살을 넣고 끓인다

11 닭다리살을 넣고
골고루 섞는다.

12 닭다리살 표면 전체에
색이 들 때까지 볶는다

13 물을 붓고 센불로 끓인다.

14 마멀레이드와 간장을 넣어 섞은 후,
뚜껑을 덮고 10분 정도 약불로 끓인다.

Step 1   Step 2   Step 3   **Step 4**   Step 5

양파를 볶는다   홀 향신료를 넣고   파우더 향신료를 넣고   닭다리살을 넣고   가람마살라를
                볶는다   볶는다   끓인다   넣어 마무리한다

가람마살라를 넣어 마무리한다

15 불을 끄고 뚜껑을 열었을 때 사진과 같은 상태면 OK.

16 생강과 가람마살라를 넣고 섞어 마무리한다.

완성

Step 1	Step 2	Step 3	Step 4	**Step 5**
양파를 볶는다	홀 향신료를 넣고 볶는다	파우더 향신료를 넣고 볶는다	닭다리살을 넣고 끓인다	가람마살라를 넣어 마무리한다

003 엄선! 파이널 카레

「향신료 갖추기가
원체 어려워서……」라는 사람에게
이 메뉴를 추천한다.
카레가루로 매콤하게,
루로 감칠맛을 더한 최고의 카레!

재료(2인분)

오일 … 2큰술
양파(큰 것, 웨지모양으로 썬) … 1/2개
마늘(간) … 1쪽
생강(간) … 1쪽
소고기(얇은 것, 한입크기로 썬) … 200g
토마토(듬성듬성 썬) … 1개
카레가루 … 1큰술
소금 … 1/2작은술(조금 많게)
물 … 200㎖
카레 루 … 0.5인분

양파를 볶는다

1 냄비에 오일을 둘러
중불로 가열하고, 양파를 넣는다.

2 표면이 은은하게 노릇해질 때까지
볶는다.

3 마늘과 생강을 넣고 풋내가 없어질 때까지 볶는다.

Step 1	Step 2	Step 3
양파를 볶는다	재료와 카레가루를 넣고 끓인다	루를 넣어 마무리한다

재료와 카레가루를 넣고 끓인다

4 소고기를 넣는다.

5 표면 전체에 색이 들 때까지
볶는다.

6 토마토를 넣고 섞은 후
카레가루와 소금을 넣는다.

7 물을 부어 센불로 한소끔 끓인 후 뚜
껑을 덮고, 10분 정도 약불로 졸인다.

Step 1	Step 2	Step 3
양파를 볶는다	재료와 카레가루를 넣고 끓인다	무를 넣어 마무리한다

루를 넣어 마무리한다

8 뚜껑을 열고, 사진 정도로 전체가 어우러지면 OK.

9 루를 녹이며 섞어 마무리한다.

완성

Step 1	Step 2	**Step 3**
양파를 볶는다	재료와 카레가루를 넣고 끓인다	루를 넣어 마무리한다

주요 향신료 목록

향신료를 갖추려면, 우선 어떤 분류에 따라 어떤 종류가 있는지 알아보자.
특성을 알면, 이 중 몇 가지 향신료만으로도 카레를 만들 수 있다.

※여기서는 주요 향신료를 소개한다. 레시피에 따라 다른 향신료를 사용할 때도 있다.

향신료 분류

향신료는 주로 향 내기, 매운맛 내기, 색 내기의 3가지 작용을 한다. 여기에 건조시키지 않은 채 사용하거나, 건조시켜 알갱이 그대로 또는 파우더로 만들어 사용하거나 하여 3가지 작용의 균형을 바꾸면 다양한 카레를 만들 수 있다. 조합에 따라 무한한 가능성을 가진 것이 카레의 매력이다!

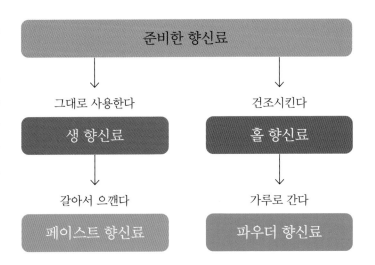

준비한 향신료

그대로 사용한다 → 생 향신료 → 갈아서 으깬다 → 페이스트 향신료

건조시킨다 → 홀 향신료 → 가루로 간다 → 파우더 향신료

터메릭

색 내기 & 향 내기를 담당한다. 노란 카레색을 내는 이미지가 강하지만, 사실 은은한 흙의 향이 숨은 조력자로 활약한다.

홍고추(레드칠리)

매운맛 내기 & 향 내기를 담당한다. 매운맛 조절에 필수적인 향신료인데, 향도 강하므로 너무 많이 넣지 않도록 주의한다.

코리앤더

향 내기를 담당한다. 고수의 씨로 달고 상쾌
한 향이 특징이다. 향이 강해 카레 전체 향
의 균형을 잡는 중요한 역할을 한다.

커민

향 내기를 담당한다. 믹스 향신료에 빠지지
않는 카레향의 대표주자. 커민 하나만으로도
유용하여, 준비해 두면 좋은 NO.1 향신료다.

가람마살라

믹스 파우더 향신료. 만드는 사람에 따라 배
합이 다르지만, 쉽고 빠르게 향의 균형을 잡
고 싶을 때 사용한다.

파프리카

색 내기 & 향 내기를 담당한다. 홍고추와 같
은 종류지만 매운맛은 없다. 향도 홍고추보
다 무난하고 고소하다.

주요 향신료 목록

카수리메티

향 내기를 담당한다. 달콤한 향이 특징인 건조 허브. 파우더로도 사용하지만, 주로 말린 잎을 마지막에 그대로 넣어 끓이는 경우가 많다.

카다몬

향 내기를 담당한다. 「향신료의 여왕」이라 불릴 정도로 상쾌하고 프루티한 향을 낸다. 향신료 카레를 만들 때 준비해 두고 싶은 향신료 중 하나다.

커리잎

향 내기를 담당한다. 신선한 잎은 감귤류의 향을 가지는데, 남인도나 스리랑카에서 자주 사용한다. 볶거나 끓이면 고소한 향이 나는 점이 특징이다.

정향

향 내기를 담당한다. 향신료 중에서도 씨가 아니라 꽃봉오리 부분을 사용한다는 점이 독특하다. 고기 비린내를 잡아주는, 달콤하며 자극적인 향을 가진다.

향신료의 보관

향신료의 유통기한은 일반적으로 2년 정도인 경우가 대부분인데, 오래 보관할수록 향과 색이 날아가 버리므로 되도록 빨리 사용하는 편이 좋다. 밀폐용기에 담아 서늘하고 어두운 곳에 보관한다. 불 근처나 직사광선이 닿는 곳에 두면 품질이 빨리 떨어지므로 주의한다. 남은 양을 쉽게 알 수 있는, 내용물이 보이는 투명한 용기를 추천한다.

시나몬

향 내기를 담당한다. 익숙하고 독특한 단 향이 특징인 향신료. 카레를 만들 때는 홀 상태로 오일에 볶아 향을 내는 경우가 많은데, 너무 많이 넣지 않도록 주의한다.

펜넬

향 내기를 담당한다. 캐러멜 같은 달콤한 향이 특징이다. 식재료의 감칠맛을 살려주므로 여러 요리에 사용된다.

검은 후추(블랙페퍼)

매운맛 내기 & 향 내기를 담당한다. 가장 유명한 향신료다. 톡 쏘는 자극적인 매운맛은 카레에 빠지지 않는다. 홀 또는 굵게 갈아 사용하는 경우가 많다.

머스터드

매운맛 내기 & 향 내기를 담당한다. 홀을 오일에 볶으면 톡톡 튀며, 견과류 같은 고소한 향, 은은한 쓴맛, 매운맛이 난다.

리더 이토 사카리

　카레전문 레시피 개발그룹 「틴 팬 카레」에서 「프로용 카레」를 담당하고 있다. 향신료를 사용한 마니아적인 카레부터 카레 루로 만드는 간단한 카레까지, 모든 카레를 총괄 개발하고 있다. 「도쿄 카레 반장」이라는 출장요리 그룹의 리더를 20년 이상 맡은, 또 다른 모습도 지녔다.

　엄청난 횟수의 출장요리, 라이브 쿠킹에서 얻은 경험을 새로운 카레 메뉴를 개발하는 데 활용하고 있다. 향신료 배합과 카레 조리과정에 관한 기본 지식을 완벽하게 습득하고 있어, 어떤 조건에서도 맛있는 카레를 만들 수 있는 특별한 기술을 지녔다. 또한 친절하고 정중하게 운영되는 요리교실로 호평을 받고 있다.

　미각과 후각에 있어 독보적 감각을 지녔기 때문에 「도쿄 카레 반장」에서 최종 염분농도 체크, 재료 신선도 판단을 모두 리더로서 담당하고 있다. 이름 없이 대형식품업체의 상품 개발을 돕거나, 카레전문점의 감수를 맡고 있다. 모 인기 요리잡지의 카레 특집호로 2년 연속 표지를 장식하는 전대미문의 성과를 거두었지만, 능력에 비하면 아직 과소평가되고 있다는 생각이다. (미즈노 진스케)

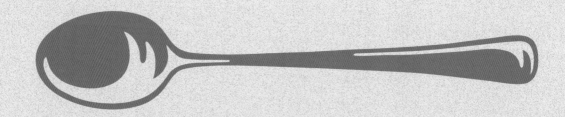

Part

2

루 카레

루를 쓴다고
모두 비슷한 맛일 거라 생각한다면 오산!
재료나 숨은 맛을 달리하면
같은 루를 사용했다고는 생각되지 않을 정도로
다양한 카레를 만들 수 있다.

향미 치킨카레

루카레

재료(2인분)

오일 … 1큰술
대파(둥글게 썬) … 50g
당근(다진) … 50g
셀러리(다진) … 50g
마늘(작은 것, 다진) … 1쪽
생강(다진) … 1쪽
닭봉(칼집을 넣은) … 200g
토마토(듬성듬성 썬) … 150g
물 … 600㎖
카레 루 … 2인분

만드는 방법

1   냄비에 오일을 둘러 중불로 가열하고, 대파
를 넣어 볶는다.

2   당근을 넣고 볶는다.

3 셀러리를 넣고 볶는다.

4 마늘과 생강을 넣는다.

5 전체에 구운 색이 들 때까지 볶는다.

6 닭봉을 넣고 전체가 잘 어우러지게 볶는다.

7 토마토와 물을 넣고 한소끔 끓인 후,
뚜껑을 덮어 30분 정도 약불로 졸인다.

8 불을 약하게 줄인 후 루를 녹여 섞고,
살짝 끓인다.

여름 치킨카레

재료(2인분)

오일 … 2큰술
가지(가로세로 1cm 깍둑썰기한) … 1개
양파(가로세로 2cm 깍둑썰기한) … 1/2개
마늘(작은 것, 간) … 1쪽
닭다리살(한입크기로 썬) … 120g
물 … 200㎖
카레 루 … 2인분
토마토(듬성듬성 썬) … 1개

만드는 방법

1 냄비에 오일을 둘러 중불로 가열하고, 가지를 넣어 뚜껑을 덮은 후
   전체에 노릇하게 구운 색이 들고 부드러워질 때까지 찌듯이 굽는다.
2 양파, 마늘, 닭다리살을 넣고 살짝 섞는다.
3 물을 부어 센불로 한소끔 끓인 후 약불로 줄여, 루를 녹이고 토마
   토를 넣어 살짝 끓인다.

치킨 & 버섯 카레

재료(2인분)

오일 … 1큰술
양파(굵게 다진) … 1/2개
브라운 양송이버섯(4등분한) … 1팩(100g)
닭다리살(작게 한입크기로 썬) … 100g
물 … 200㎖
카레 루 … 1.5인분
그래놀라 … 3큰술(30g)

만드는 방법

1 냄비에 오일을 둘러 중불로 가열하고, 양파와 버섯을 넣어 양파가
   숨이 죽을 때까지 볶는다.
2 닭다리살을 넣고, 닭다리살 표면 전체에 색이 들 때까지 볶는다.
   물을 부어 한소끔 센불로 끓인 후, 뚜껑을 덮고 5분 정도 약불로
   졸인다.
3 루를 녹이고 그래놀라를 섞어 살짝 끓인다.

루
카레

그린 치킨카레

루
카
레

재료(2인분)

오일 ⋯ 1큰술
닭다리살(한입크기로 썬) ⋯ 150g
마늘(작은 것, 간) ⋯ 1쪽
생강(간) ⋯ 1쪽
물 ⋯ 200㎖
카레 루 ⋯ 2인분
볶은 참깨 ⋯ 2큰술
시금치(살짝 데쳐서 듬성듬성 썬) ⋯ 3포기

만드는 방법

1 냄비에 오일을 둘러 중불로 가열하고 닭다리살, 마늘, 생강을 넣은 후 닭다리살 표면 전체에 색이 들 때까지 볶는다.

2 물을 부어 센불로 한소끔 끓인 후, 약불로 줄이고 루를 녹여 섞는다.

3 볶은 참깨와 시금치를 넣고 살짝 끓인다.

와인 치킨카레

재료(2인분)

오일 ··· 2큰술
셀러리(다진) ··· 100g
당근(다진) ··· 1/2개
양파(다진) ··· 1/2개
닭날개(윙) ··· 12개
레드와인 ··· 200㎖
물 ··· 200㎖
설탕 ··· 1/2작은술
카레 루 ··· 2인분

만드는 방법

1. 냄비에 오일을 둘러 중불로 가열하고 셀러리, 당근, 양파를 넣어 살짝 볶는다.

2. 닭날개, 레드와인, 물을 넣어 센불로 한소끔 끓인 후 설탕을 넣고, 뚜껑을 덮어 20분 정도 약불로 졸인다.

3. 루를 녹여 섞는다.

채소는 사진 정도로 볶는다. 다져야 살짝 볶아도 확실히 익는다.

009 ———— 크리미한 소스에 구운 파프리카의 고소함을 더한

크림 치킨카레

재료(2인분)

오일 ⋯ 1큰술
파프리카(한입크기로 썬) ⋯ 200g
닭다리살(한입크기로 썬) ⋯ 120g
물 ⋯ 150㎖
카레 루 ⋯ 2인분
생크림 ⋯ 100㎖

만드는 방법

1　냄비에 오일을 둘러 중불로 가열하고, 파프리카를 넣은 후 뚜껑을 덮어 노릇해질 때까지 찌듯이 굽는다.
2　닭다리살을 넣고 볶다가 물을 부어 센불로 한소끔 끓인 후, 5분 정도 보글보글 끓인다.
3　약불로 줄이고, 루를 녹여 섞은 후 생크림을 넣어 살짝 끓인다.

010 ———— 레몬의 산뜻한 향이 식욕을 돋우는

레몬 치킨카레

재료(2인분)

오일 ⋯ 1큰술
양파(웨지모양으로 썬) ⋯ 1/2개
닭봉 ⋯ 4개
물 ⋯ 500㎖
설탕 ⋯ 1/2작은술
카레 루 ⋯ 2인분
레몬즙 ⋯ 1/2개 분량

만드는 방법

1　냄비에 오일을 둘러 중불로 가열하고, 양파와 닭봉을 넣은 후 살짝 볶는다.
2　물을 부어 센불로 한소끔 끓인 후 설탕을 넣고, 뚜껑을 덮어 30분 정도 약불로 졸인다.
3　루를 녹여 섞은 후 레몬즙을 넣고 살짝 끓인다.

루 카 레

핫 치킨카레

재료(2인분)

오일 ··· 1큰술
마늘(슬라이스한) ··· 2쪽
홍고추(씨 제거) ··· 5개
닭날개 ··· 4개(220g)
케첩 ··· 2작은술
물 ··· 300㎖
카레 루 ··· 1인분

만드는 방법

1 냄비에 오일, 마늘, 홍고추를 넣고 중불로 가열하여, 색이 들 때까지 뭉근히 볶는다.
2 닭날개, 케첩, 물을 넣고 센불로 한소끔 끓인 후, 뚜껑을 덮어 20분 정도 약불로 졸인다.
3 루를 녹여 섞는다.

치킨 & 토마토 카레

재료(2인분)

닭날개(윙) ··· 10개
홀토마토 통조림 ··· 1/2캔
물 ··· 200㎖
땅콩버터 ··· 1큰술
카레 루 ··· 2인분

만드는 방법

1 냄비에 루를 제외한 모든 재료를 넣어 센불로 한소끔 끓인 후, 잘 젓고 뚜껑을 덮어 20분 정도 약불로 졸인다.
2 루를 녹여 섞는다.

루
카
레

소고기조림 카레

재료(2인분)

소고기(양지 덩어리, 3㎝ 폭으로 썬) … 250g
대파(3㎝ 폭으로 썬) … 1줄기
마멀레이드 … 2작은술
물 … 600㎖
카레 루 … 2인분

만드는 방법

1 냄비에 루를 제외한 모든 재료를 넣어 센불로 한소끔 끓인 후, 잘 젓고 뚜껑을 덮어 30분 정도 약불로 졸인다.
2 루를 녹여 섞는다.

포토푀풍 비프카레

재료(2인분)

소고기(양지 덩어리, 2㎝ 폭으로 썬) … 200g
당근(작게 한입크기로 썬) … 1/3개
무(한입크기로 썬) … 1/5개
누룩소금 … 2작은술
물 … 400㎖
카레 루 … 1.5인분

만드는 방법

1 냄비에 루를 제외한 모든 재료를 넣어 센불로 한소끔 끓인 후, 잘 젓고 뚜껑을 덮어 30분 정도 약불로 졸인다.
2 루를 녹여 섞는다.

그린 비프카레

재료(2인분)
────────────

오일 … 1큰술
양파(다진) … 1/2개
소고기(양지 덩어리, 가로세로 1㎝로 깍둑썰기한) … 100g
물 … 200㎖
카레 루 … 1.5인분
진간장 … 2작은술
오크라(1㎝ 폭으로 썬) … 10개
고수(다진) … 2줄기

만드는 방법

1 냄비에 오일을 둘러 중불로 가열하고, 양파와 소고기
를 넣어 살짝 볶는다.

2 물을 붓고 센불로 한소끔 끓인 후, 약불로 줄여 살짝
졸이고 루와 진간장을 녹여 섞는다.

3 오크라를 넣고 3분 정도 익힌다.

4 고수를 넣고 살짝 끓여 마무리한다.

고수는 듬뿍 넣는다. 마지막에 넣고 살짝 익히는 정도여야 신선한 향
을 즐길 수 있다.

016 ──────── 보슬보슬한 감자에 카레가 배어든 서양식 메뉴

비프 & 포테이토 카레

재료(2인분)

오일 … 1큰술
소고기(얇게 썬) … 100g
양파(두껍게 슬라이스) … 1/2개
간 참깨 … 2작은술
물 … 300㎖
감자(두껍게 슬라이스) … 2개
카레 루 … 2인분

만드는 방법

1 냄비에 오일을 둘러 중불로 가열하고 소고기, 양파, 간 참깨를 넣어 볶는다.
2 물을 붓고 센불로 한소끔 끓인 후, 감자를 넣고 뚜껑을 덮어 10분 정도 약불로 졸인다.
3 뚜껑을 열고 감자를 살짝 으깬 후 루를 녹여 섞는다.

017 ──────── 타프나드의 진한 향과 양상추의 아삭한 식감을 즐긴다

소고기 & 양상추 카레

재료(2인분)

오일 … 1큰술
마늘(다진) … 1쪽
소고기(얇게 썬) … 150g
물 … 250㎖
양상추(먹기 좋은 크기로 찢은) … 10장(70g)
타프나드 … 2작은술
카레 루 … 1.5인분

만드는 방법

1 냄비에 오일을 둘러 중불로 가열하고, 마늘과 소고기를 넣어 노릇하게 색이 들 때까지 볶는다.
2 물을 부어 센불로 한소끔 끓인 후 약불로 줄여, 양상추와 타프나드를 넣고 뚜껑을 덮어 살짝 졸인다.
3 루를 녹여 섞는다.

018 ———— 바삭한 마늘이 맛의 비결

갈릭 비프카레

루
카
레

재료(2인분)

오일 ⋯ 1큰술
마늘(슬라이스한) ⋯ 2쪽
소고기(양지머리, 구이용) ⋯ 150g
대파(어슷썰기한) ⋯ 1줄기
물 ⋯ 200㎖
중농소스 ⋯ 1작은술
카레 루 ⋯ 1.5인분

만드는 방법

1 냄비에 오일을 둘러 중불로 가열하고, 마늘을 넣어 노릇해질 때까지 볶는다.
2 소고기와 대파를 넣고 살짝 볶는다.
3 물을 부어 센불로 한소끔 끓인 후 약불로 줄여, 소스를 넣고 살짝 졸인다.
4 루를 녹여 섞는다.

019 ———— 비프 스트로가노프처럼 풍부한 맛

비프 크림카레

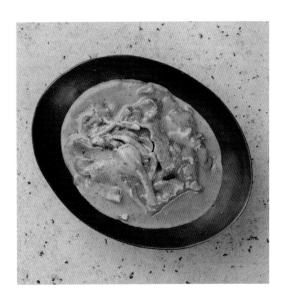

재료(2인분)

오일 ⋯ 1큰술
소고기(구이용) ⋯ 150g
잎새버섯(작은 송이로 나눈) ⋯ 1팩(100g)
물 ⋯ 200㎖
마멀레이드 ⋯ 1작은술
카레 루 ⋯ 2인분
생크림 ⋯ 100㎖

만드는 방법

1 냄비에 오일을 둘러 중불로 가열하고, 소고기를 넣어 갈색이 될 때까지 볶는다.
2 잎새버섯과 물을 넣어 센불로 한소끔 끓인 후 마멀레이드를 넣고, 뚜껑을 덮어 5분 정도 약불로 졸인다.
3 루를 녹여 섞은 후 생크림을 넣고 1분 정도 끓인다.

소고기 & 생강 카레

재료(2인분)

오일 … 1큰술
대파(둥글게 썬) … 2줄기
소고기(양지머리, 구이용) … 200g
물 … 200㎖
생강(채썬) … 4쪽
카레 루 … 2인분

만드는 방법

1 냄비에 오일을 둘러 중불로 가열하고, 대파를 넣어 여우색이 될 때까지 볶는다.

2 소고기를 넣어 살짝 볶고 물을 부어 센불로 한소끔 끓인 후, 생강을 넣어 3분 정도 약불로 졸인다.

3 루를 녹여 섞는다.

| technique |

대파도 뭉근히 볶아 여우색으로!

양파와 마찬가지로 대파도 여우색이 나도록 뭉근히 볶는다. 탈 것 같으면 찬물(분량 외)을 넣어가며 걸쭉한 느낌으로 볶는다. 사진처럼 색이 변하면 완성이다! 마지막에 수분을 충분히 날려 마무리하는 것이 맛의 비법이다.

소고기 & 버섯 카레

재료(2인분)

오일 … 2큰술
양파(굵게 다진) … 1/2개
파슬리(다진) … 2줄기
소고기(양지 덩어리, 가로세로 1㎝로 깍둑썰기) … 150g
표고버섯(가로세로 1㎝로 깍둑썰기) … 8개
물 … 200㎖
카레 루 … 2인분
시치미 … 1작은술

만드는 방법

1 냄비에 오일을 둘러 중불로 가열하고 양파, 파슬리, 소고기, 표고
   버섯을 넣어 살짝 볶는다.
2 물을 부어 센불로 한소끔 끓인 후 약불로 줄이고, 루를 녹여 섞은
   다음 시치미를 넣고 1분 정도 센불로 보글보글 끓인다.

중식풍 비프카레

재료(2인분)

오일 … 1큰술
소고기(얇게 썬) … 200g
양파(두껍게 슬라이스) … 1/2개
부추(10㎝ 길이로 썬) … 5줄기
물 … 200㎖
닭뼈육수 가루 … 1작은술
카레 루 … 1.5인분
고추기름 … 1작은술

만드는 방법

1 냄비에 오일을 둘러 중불로 가열하고 소고기, 양파, 부추를 넣어
   볶는다.
2 물을 부어 센불로 한소끔 끓인 후 닭뼈육수 가루를 넣고, 약불로 살짝
   졸인다.
3 루를 녹여 섞은 후 고추기름을 넣고 섞는다.

루 카레

두툼한 돼지고기조림 카레

루 카레

재료(2인분)

돼지고기(삼겹살 덩어리, 8㎝×5㎝ 정도로 썬)
… 300g
● 마리네이드액
  소흥주 … 3큰술
  맛술 … 2큰술
  간장 … 1큰술
  마늘(간) … 1/2작은술
  양파(간) … 1/4개
오일 … 1큰술
생강(다진) … 1/2쪽
양파(다진) … 1/3개
물 … 800㎖
카레 루 … 2인분

밑준비

돼지고기를 재운다.
돼지고기의 비계 부분을 포크로 몇 군데 찌른다. 지퍼백에 마리네이드액과 함께 넣고, 잘 버무린 후 냉장고에 하룻밤 재운다.

만드는 방법

1 냄비에 오일을 둘러 중불로 가열하고, 재운 돼지고기만 꺼내 비계가 아래를 향하도록 나란히 올린다. 마리네이드액은 보관해 둔다. 비계와 고기 표면 전체에 구운 색이 들도록 굴려가며 중불로 굽는다.

2 생강과 양파를 넣고 살짝 볶은 후 마리네이드액을 넣어 알코올을 날린다. 물을 부어 센불로 한소끔 끓인 후 아주 약한 불로 줄이고 고기가 부드러워질 때까지 2시간 정도 끓인다.

3 불을 끄고, 한 김 식으면 루를 넣어 완전히 녹인다.

4 아주 약한 불에 올려, 걸쭉해질 때까지 5분 정도 졸인다.

돼지고기등심 양배추롤 코코넛카레

재료(2인분)

양배추(심 부분은 다진) ⋯ 2장 분량	마늘(간) ⋯ 1쪽
돼지고기(등심, 얇게 썬) ⋯ 6~7장	생강(간) ⋯ 1/2쪽
오일 ⋯ 2큰술	코코넛밀크 ⋯ 100㎖
양파(슬라이스한) ⋯ 1/2개	카레 루 ⋯ 2인분

밑준비

돼지고기 양배추롤을 만든다.

1 냄비에 뜨거운 물 500㎖(분량 외)를 끓인 후, 양배추 잎을 부드럽게 데쳐 체에 올린다. 데친 물은 보관해둔다.
2 도마에 돼지고기를 살짝 포개지도록 펼쳐 올리고, 물기를 닦은 양배추 잎을 위에 나란히 놓은 후 롤케이크처럼 돌돌 만다.
3 프라이팬에 오일을 둘러 중불로 가열하고, 2의 표면에 구운 색이 들 때까지 굴리면서 구운 후 완전히 식으면 먹기 좋은 크기로 썬다.

만드는 방법

1 마른 프라이팬에 양파와 양배추 줄기를 넣고 중불로 볶다가, 구운 색이 들면 마늘과 생강을 넣어 풋내가 없어질 때까지 볶는다.
2 밑준비한 양배추롤과 양배추 데친 물 200㎖를 붓고 센불로 끓인다.
3 코코넛밀크를 붓고 5분 정도 약불로 끓인다.
4 불을 끄고, 한 김 식으면 루를 넣어 완전히 녹인 후 걸쭉해질 때까지 약불로 끓인다.

삼겹살 아스파라거스 밀크카레

재료(2인분)

돼지고기(삼겹살, 얇게 썬) ⋯ 8장	마늘(간) ⋯ 1/2쪽
소금, 후추 ⋯ 조금씩	케첩 ⋯ 1큰술
아스파라거스(7~8㎝ 길이로 썬) ⋯ 4개 분량	물 ⋯ 100㎖
오일 ⋯ 2큰술	우유 ⋯ 200㎖
양파(작은 것, 2㎜ 폭으로 슬라이스한) ⋯ 1/2개	카레 루 ⋯ 2인분

만드는 방법

1 돼지고기를 펼쳐 소금, 후추를 뿌리고 아스파라거스를 올린 후 돼지고기를 폭이 좁은 쪽부터 돌돌 만다.
2 냄비에 오일을 둘러 중불로 가열하고, 1을 넣어 전체에 구운 색이 들 때까지 충분히 구운 후 일단 꺼낸다.
3 같은 냄비에 양파와 마늘을 넣고 약한 중불에 올린 후, 마늘의 풋내가 없어질 때까지 볶다가 케첩을 넣고 1분 정도 볶는다.
4 2를 다시 넣고, 물을 부어 한소끔 끓인 후 우유를 넣고 5분 정도 약불로 졸인다.
5 불을 끄고, 한 김 식으면 루를 넣어 완전히 녹인 후 약불로 걸쭉해질 때까지 끓인다.

돼지고기 & 파인애플 카레

재료(2인분)

오일 … 1큰술
양파(2mm 폭으로 썬) … 1/2개
돼지고기(목살, 두툼하게 한입크기로 썬) … 150g
물 … 250㎖
파인애플(링모양을 4등분한) … 3개
카레 루 … 2인분

만드는 방법

1 냄비에 오일을 둘러 중불로 가열하고, 양파를 넣어 구운 색이 들 때까지 볶는다. 돼지고기를 넣고 표면에 구운 색이 들 때까지 더 볶는다.
2 물을 붓고 센불로 한소끔 끓인 후, 파인애플을 넣어 5분 정도 약불로 졸인다.
3 불을 끄고 한 김 식으면 루를 넣어 완전히 녹인 후, 아주 약한 불로 줄여 걸쭉해질 때까지 끓인다.

루 카레

돼지고기 & 토마토 카레

재료(2인분)

오일 … 1큰술
양파(2mm 폭으로 슬라이스) … 1/2개
돼지고기(등심, 얇게 썬) … 200g
물 … 100㎖
토마토주스 … 200㎖
카레 루 … 2인분
토마토(가로세로 2㎝로 깍둑썰기한) … 1개

만드는 방법

1 냄비에 오일을 둘러 중불로 가열하고, 양파를 넣어 구운 색이 들 때까지 볶는다. 돼지고기를 넣고, 표면에 구운 색이 들 때까지 더 볶는다.
2 물과 토마토주스를 붓고 센불로 한소끔 끓인다.
3 불을 끄고, 한 김 식으면 루를 넣어 완전히 녹인다.
4 토마토를 넣고, 아주 약한 불로 줄여 걸쭉해질 때까지 끓인다.

028 ———— 역시 최고의 스테디셀러 카레는 이것!

당근 & 감자 & 돼지고기 카레

재료(2인분)

오일 … 1큰술
양파(웨지모양으로 썬) … 1/2개
당근(작게 마구썰기한) … 1/3개
감자(크게 마구썰기한) … 1개
돼지고기(목살 덩어리, 한입크기로 썬) … 150g
물 … 350㎖
카레 루 … 2인분

만드는 방법

1 냄비에 오일을 둘러 중불로 가열하고, 양파를 넣어 구운 색이 들 때까지 볶는다. 당근, 감자, 돼지고기를 넣고 고기 표면에 구운 색이 들 때까지 더 볶는다.
2 물을 부어 한소끔 끓인 후, 당근과 감자가 부드러워질 때까지 6분 정도 약불로 졸인다.
3 불을 끄고 한 김 식으면 루를 넣어 완전히 녹인다.
4 아주 약한 불로 줄여 걸쭉해질 때까지 끓인다.

029 ———— 대파의 감칠맛과 삼겹살의 농후한 맛

삼겹살 & 대파 & 생강 카레

재료(2인분)

오일 … 1큰술
돼지고기(삼겹살, 두껍게 썬) … 150g
생강(3㎝ 길이로 채썬) … 3쪽
대파(1㎝ 폭으로 어슷썰기한) … 1줄기
물 … 250㎖
카레 루 … 2인분

만드는 방법

1 냄비에 오일을 둘러 중불로 가열하고, 돼지고기를 넣어 표면에 구운색이 들 때까지 볶는다. 생강과 대파를 넣고 대파가 부드러워질 때까지 더 볶는다.
2 물을 부어 센불로 한소끔 끓인 후, 1분 정도 약불로 졸인다.
3 불을 끄고 한 김 식으면 루를 넣어 완전히 녹인다.
4 아주 약한 불로 줄이고 걸쭉해질 때까지 끓인다.

돼지고기 & 배추 & 폰즈 카레

재료(2인분)

오일 … 1큰술
양파(웨지모양으로 썬) … 1/2개
돼지고기(잘게 썬) … 100g
배추(듬성듬성 썬) … 100g
물 … 250㎖
폰즈 … 40㎖
카레 루 … 2인분

만드는 방법

1 냄비에 오일을 둘러 중불로 가열하고, 양파를 넣어 구운 색이 들 때까지 볶는다. 돼지고기를 넣고 표면의 색이 변할 때까지 볶은 후 배추를 넣어 살짝 볶는다.
2 물을 부어 센불로 한소끔 끓인 후, 3분 정도 약불로 졸인다.
3 불을 끄고 폰즈를 넣은 후, 한 김 식으면 루를 넣어 완전히 녹인다.
4 아주 약한 불로 줄이고 걸쭉해질 때까지 끓인다.

루
카
레

돼지고기안심 & 가리비 카레

재료(2인분)

오일 … 1큰술
양파(다진) … 1/2개
돼지고기(안심, 작게 한입크기로 썬) … 100g
어린 가리비 … 160g
물 … 250㎖
카레 루 … 2인분

만드는 방법

1 냄비에 오일을 둘러 중불로 가열하고, 양파를 넣어 구운 색이 들 때까지 볶는다. 돼지고기를 넣고 표면의 색이 변할 때까지 볶다가, 어린 가리비를 넣고 살짝 볶는다.
2 물을 부어 센불로 한소끔 끓인 후, 3분 정도 약불로 졸인다.
3 불을 끄고, 한 김 식으면 루를 넣어 완전히 녹인다.
4 아주 약한 불로 줄이고 걸쭉해질 때까지 끓인다.

베이컨 & 양상추 & 토마토 카레

재료(2인분)

오일 … 1큰술
양파(굵게 다진) … 1/2개
베이컨 덩어리(1㎝ 폭으로 썬) … 80g
토마토(세로로 8등분한) … 1개
물 … 250㎖
양상추(듬성듬성 썬) … 2장
카레 루 … 2인분

만드는 방법

1 냄비에 오일을 둘러 중불로 가열하고, 양파를 넣어 구운 색이 들 때까지 볶는다. 베이컨을 넣고 눌은 자국이 날 때까지 볶은 후, 토마토를 넣어 살짝 볶는다.

2 물을 붓고, 센불로 한소끔 끓인 후 양상추를 넣어 약불로 살짝 졸인다.

3 불을 끄고, 한 김 식으면 루를 넣어 완전히 녹인다.

4 아주 약한 불로 줄이고 걸쭉해질 때까지 끓인다.

양파와 베이컨은 「좀 탔나?」 싶을 정도로 색이 들면 고소한 맛이 된다.

033 ——— 뿌드득한 소시지의 식감을 즐긴다

포토푀 카레

재료(2인분)

양파(웨지모양으로 썬) … 1/4개	후추(굵게 간) … 조금
당근(마구썰기한) … 1/2개	소금 … 조금
양배추(듬성듬성 썬) … 100g	콩소메 가루 … 2작은술
셀러리(마구썰기한) … 1/4줄기	소시지(칼집을 살짝 넣은) … 6개
물 … 400㎖	카레 루 … 1인분
월계수 … 1장	

만드는 방법

1 냄비에 소시지와 루 외의 재료를 넣고 센불로 한소끔 끓인 후, 10분 정도 약불로 졸이다 소시지를 넣고 5분 정도 더 졸인다.
2 불을 끄고, 한 김 식힌 후 루를 넣어 완전히 녹인다.
3 아주 약한 불로 줄이고 1분 정도 끓인다.

034 ——— 모두가 좋아하는, 폭신하고 촉촉한 햄버그의 맛

햄버그조림 카레

재료(2인분)

버터 … 10g	너트맥 파우더 … 조금
양파(다진) … 1/4개 분량	오일 … 1작은술
다짐육 … 240g	레드와인 … 1큰술
소금, 후추 … 조금씩	물 … 400㎖
빵가루 … 4큰술	콩소메 가루 … 1작은술
달걀 … 1개	카레 루 … 2인분
우유 … 2큰술	

밑준비

햄버그를 만든다.

1 냄비에 약불로 버터를 녹이고, 양파를 구운 색이 들 때까지 중불로 볶은 후 꺼내서 식힌다.
2 볼에 다짐육, 소금, 후추를 넣고 점도가 생길 때까지 섞는다.
3 1, 빵가루, 달걀, 우유, 너트맥을 넣고 골고루 반죽해 2등분한 후, 손에 오일(분량 외)을 바르고 공기를 빼듯이 둥글게 모양을 잡는다.

만드는 방법

1 냄비에 오일을 둘러 가열하고, 햄버그를 올려 양쪽면에 구운 색이 들 때까지 약한 중불로 굽는다.
2 레드와인을 넣고 알코올을 날린 후, 물을 부어 센불로 한소끔 끓인 다음 콩소메 가루를 넣고 15분 정도 약불로 졸인다.
3 불을 끄고, 한 김 식힌 후 루를 넣어 완전히 녹인다.
4 아주 약한 불로 줄이고 10분 정도 끓인다.

양갈비 & 채소조림 카레

루
카
레

재료(2인분)

양갈비 … 4대   생강(간) … 1/2쪽
소금, 후추 … 조금씩   물 … 250㎖
오일 … 1큰술   채소주스 … 200㎖
양파(5mm 폭으로 썬) … 100g   카레 루 … 2인분
마늘(간) … 1쪽

만드는 방법

1   양갈비에 소금, 후추를 뿌린다.
2   냄비에 오일을 둘러 중불로 가열하고, 양갈비의 비계 쪽이 아래를
    향하도록 올린 후 구운 색이 충분히 들 때까지 굽는다(집게로 세
    워가며 구우면 쉽다).
3   자른 면에도 구운 색이 들도록 양쪽 면을 굽는다. 양파, 마늘, 생강
    을 넣고 양파의 숨이 죽을 때까지 약한 중불로 볶는다.
4   물과 채소주스를 붓고, 센불로 한소끔 끓인 후 30분 정도 약불로
    졸인다.
5   불을 끄고, 한 김 식힌 후 루를 넣어 완전히 녹인다.
6   아주 약한 불로 줄이고 걸쭉해질 때까지 끓인다.

레드와인 마리네이드 양고기 카레

재료(2인분)

양고기 … 300g(칭기즈칸용 등 슬라이스한 고기도 OK)
●마리네이드액
  레드와인 … 80㎖
  양파(간) … 1/4개
  간장 … 2작은술
  마늘(간) … 3/4쪽
  생강(간) … 1/2쪽
  케첩 … 1작은술
오일 … 2큰술
물 … 300㎖
카레 루 … 2인분

만드는 방법

1   볼에 양고기와 마리네이드액을 넣고 골고루 버무린 후 1시간 이상
    재운다.
2   냄비에 오일을 둘러 중불로 가열한 후 1을 마리네이드액째 넣고,
    한소끔 끓여 알코올을 날린다.
3   물을 부어 중불로 한소끔 끓인 후, 10분 정도 약불로 졸인다.
4   불을 끄고, 한 김 식힌 후 루를 넣어 완전히 녹인다.
5   아주 약한 불로 줄이고 걸쭉해질 때까지 끓인다.

037 ——— 토핑의 정석 = 삶은 달걀이 주인공!

구운 달걀 카레

재료(2인분)

버터 ⋯ 10g
삶은 달걀(껍질 제거) ⋯ 2개
오일 ⋯ 1큰술
마늘(다진) ⋯ 1쪽
생강(다진) ⋯ 1/2쪽
양파(5㎜ 폭으로 썬) ⋯ 1개
요구르트 ⋯ 2큰술
물 ⋯ 250㎖
카레 루 ⋯ 2인분

만드는 방법

1 냄비에 약불로 버터를 녹인 후 삶은 달걀을 넣고, 표면 전체에 구운 색이 들 때까지 굴리면서 중불로 구운 다음 일단 꺼낸다.
2 빈 냄비에 오일, 마늘, 생강을 넣어 살짝 볶은 후, 양파를 넣고 구운 색이 들 때까지 중불로 볶는다. 요구르트를 넣고 수분이 없어질 때까지 볶는다.
3 삶은 달걀을 냄비에 담고, 물을 부어 센불로 한소끔 끓인 후 2분 정도 약불로 졸인다.
4 불을 끄고, 한 김 식힌 후 루를 넣어 완전히 녹인다.
5 아주 약한 불로 줄이고 걸쭉해질 때까지 끓인다.

루
카
레

---

038 ——— 씹을수록 콩의 감칠맛이 입안에 퍼지는

믹스빈 카레

재료(2인분)

오일 ⋯ 1큰술
양파(가로세로 1㎝로 깍둑썰기한) ⋯ 1/2개
마늘(간) ⋯ 1쪽
토마토 퓌레 ⋯ 1작은술
믹스빈 ⋯ 200g
물 ⋯ 250㎖
카레 루 ⋯ 2인분

만드는 방법

1 냄비에 오일을 둘러 중불로 가열하고, 양파를 넣어 구운 색이 들 때까지 볶는다.
2 마늘을 넣고 물 50㎖(분량 외)를 부어, 수분이 없어질 때까지 볶은 후 토마토 퓌레를 넣고 함께 볶는다.
3 믹스빈과 물을 넣고 센불로 한소끔 끓인 후, 5분 정도 약불로 졸인다.
4 불을 끄고, 한 김 식힌 후 루를 넣어 완전히 녹인다.
5 아주 약한 불로 줄이고 걸쭉해질 때까지 끓인다.

치킨 코코넛카레

루
카
레

재료(2인분)

오일 … 1큰술
양파(다진) … 1/2개
다진 닭고기 … 150g
깐 풋콩 … 100g
물 … 150㎖
코코넛밀크 … 200㎖
카레 루 … 2인분

만드는 방법

1 냄비에 오일을 둘러 중불로 가열하고, 양파를 넣어 투명해질 때까지 볶는다. 다진 닭고기를 넣어 표면의 색이 변할 때까지 볶은 후, 풋콩을 넣고 함께 살짝 볶는다.
2 물을 부어 센불로 한소끔 끓인 후, 코코넛밀크를 넣고 6분 정도 약불로 졸인다.
3 불을 끄고, 한 김 식힌 후 루를 넣어 완전히 녹인다.
4 아주 약한 불로 줄이고 걸쭉해질 때까지 끓인다.

다진 닭고기 & 유부 키마카레

재료(2인분)

오일 … 1큰술
대파(흰 부분, 1㎝ 폭으로 둥글게 썬) … 1/2줄기
다진 닭고기 … 200g
유부(가로세로 2㎝로 깍둑썰기한) … 2장
물 … 250㎖
카레 루 … 2인분

만드는 방법

1 냄비에 오일을 둘러 중불로 가열하고, 대파를 넣어 구운 색이 들 때까지 볶는다. 다진 닭고기를 넣어 표면의 색이 변할 때까지 볶은 후, 유부를 넣고 함께 살짝 볶는다.
2 물을 부어 센불로 한소끔 끓인 후, 3분 정도 약불로 졸인다.
3 불을 끄고, 한 김 식힌 후 루를 넣어 완전히 녹인다.
4 아주 약한 불로 줄이고 걸쭉해질 때까지 끓인다.

041 ──────── 식이섬유가 가득! 일본식 양념과 우엉이 잘 어울리는

다진 닭고기 & 우엉 키마카레

재료(2인분)

오일 … 1큰술
양파(다진) … 1/2개
생강(다진) … 1/2쪽
다진 닭고기 … 120g
우엉(깎아썰기한) … 1/3~1/2대
뜨거운 물 … 250㎖
가츠오다시 가루 … 1작은술
카레 루 … 2인분

만드는 방법

1 냄비에 오일을 둘러 중불로 가열하고, 양파를 넣어 구운 색이 들 때까지 볶는다. 생강과 다진 닭고기를 넣고, 표면의 색이 변할 때까지 볶은 후 우엉을 넣어 골고루 볶는다.
2 뜨거운 물과 가츠오다시 가루를 섞어서 넣은 후, 센불로 한소끔 끓이고 5분 정도 약불로 졸인다.
3 불을 끄고, 한 김 식힌 후 루를 넣어 완전히 녹인다.
4 아주 약한 불로 줄이고 걸쭉해질 때까지 끓인다.

042 ──────── 완두순과 폭신한 달걀의 정겨운 맛

다짐육 & 완두순 & 달걀 키마카레

재료(2인분)

오일 … 1큰술
양파(다진) … 1/2개
다짐육 … 130g
뜨거운 물 … 250㎖
가츠오다시 가루 … 1작은술
완두순(듬성듬성 썬) … 1/4~1/3팩(25~33g)
달걀물 … 2개 분량
카레 루 … 2인분

만드는 방법

1 냄비에 오일을 둘러 중불로 가열하고, 양파를 넣어 투명해질 때까지 볶는다. 다짐육을 넣고 익을 때까지 충분히 볶는다.
2 뜨거운 물과 가츠오다시 가루를 섞어서 넣은 후, 센불로 한소끔 끓이고 약불로 줄여 5분 정도 졸인다. 완두순과 달걀물을 넣고, 달걀이 익을 때까지 천천히 저어 섞는다.
3 불을 끄고, 한 김 식힌 후 루를 넣어 완전히 녹인다.
4 약불로 보글보글 끓여 마무리한다.

루
카
레

043 ——— 충분히 볶아낸 채소의 부드러운 맛과 걸쭉함이 포인트

당근 & 셀러리 키마카레

재료(2인분)

오일 … 1큰술
마늘(다진) … 1쪽
양파(다진) … 1/2개
당근(다진) … 1/3개
셀러리(줄기 부분, 다진) … 1/3줄기
다짐육 … 150g
레드와인 … 2큰술
케첩 … 2큰술
물 … 250㎖
카레 루 … 2인분

만드는 방법

1 냄비에 오일을 둘러 약불로 가열하고 마늘, 양파, 당근, 셀러리를
   넣은 후 10분 정도 볶는다. 다짐육을 넣고, 완전히 익을 때까지 중
   불로 볶는다.
2 레드와인을 부어 센불로 한소끔 끓인 후, 케첩을 넣고 수분기가 없
   어질 때까지 볶는다.
3 물을 붓고 센불로 한소끔 끓인 후, 3분 정도 약불로 졸인다.
4 불을 끄고, 한 김 식힌 후 루를 넣어 완전히 녹인다.
5 아주 약한 불로 줄이고 걸쭉해질 때까지 끓인다.

044 ——— 소고기의 농후한 맛과 믹스빈의 식감을 즐긴다

믹스빈 & 비프 키마카레

재료(2인분)

오일 … 1큰술
양파(다진) … 1/2개
마늘(간) … 1쪽
다진 소고기 … 120g
믹스빈 … 150g
물 … 150㎖
코코넛밀크 … 100㎖
카레 루 … 2인분

만드는 방법

1 냄비에 오일을 둘러 중불로 가열하고, 양파를 넣어 구운 색이 들
   때까지 볶는다. 마늘과 다진 소고기를 넣고, 익을 때까지 충분히
   볶은 후 믹스빈을 넣어 살짝 볶는다.
2 물과 코코넛밀크를 넣어 한소끔 끓인 후, 5분 정도 약불로 졸인다.
3 불을 끄고, 한 김 식힌 후 루를 넣어 완전히 녹인다.
4 아주 약한 불로 줄이고 걸쭉해질 때까지 끓인다.

루
카
레

045 ——— 오이의 식감에 중독되다!

다진 소고기 & 오이 키마카레

루 카레

재료(2인분)

오일 … 1큰술
양파(다진) … 1/2개
마늘(간) … 1쪽
다진 소고기 … 140g
오이(한입크기로 썬) … 1개
뜨거운 물 … 250㎖
가츠오다시 가루 … 1작은술
카레 루 … 2인분
참기름 … 1작은술
볶은 참깨 … 1작은술

만드는 방법

1 냄비에 오일을 둘러 중불로 가열하고, 양파를 넣어 구운 색이 들 때까지 볶는다. 마늘과 다진 소고기를 넣고 익을 때까지 충분히 볶은 후, 오이를 넣어 함께 살짝 볶는다.
2 뜨거운 물과 가츠오다시 가루를 섞어서 넣은 후, 센불로 한소끔 끓이고 5분 정도 약불로 졸인다.
3 불을 끄고, 한 김 식힌 후 루를 넣어 완전히 녹인다.
4 아주 약한 불로 줄여 걸쭉해질 때까지 끓인 후, 참기름과 볶은 참깨를 넣고 섞어 마무리한다.

046 ——— 진한 아보카도와 산뜻한 토마토의 조합

아보카도 & 비프 & 토마토 키마카레

재료(2인분)

오일 … 1큰술
양파(다진) … 1/3개
다진 소고기 … 150g
물 … 250㎖
토마토(가로세로 2㎝로 깍둑썰기한) … 1개
아보카도(가로세로 2㎝로 깍둑썰기한) … 1개
카레 루 … 2인분

만드는 방법

1 냄비에 오일을 둘러 중불로 가열하고, 양파를 넣어 구운 색이 들 때까지 볶은 후 다진 소고기를 넣고 완전히 익을 때까지 볶는다.
2 물을 붓고 센불로 한소끔 끓인 후, 약불로 줄여 2분 정도 졸인다. 토마토와 아보카도를 넣고 2분 정도 더 끓인다.
3 불을 끄고, 한 김 식힌 후 루를 넣어 완전히 녹인다.
4 아주 약한 불로 줄이고 걸쭉해질 때까지 끓인다.

돼지고기 & 두부 키마카레

재료(2인분)

오일 … 1큰술
생강(다진) … 1/2쪽
대파(5㎜ 폭으로 둥글게 썬) … 1/2줄기
다진 돼지고기 … 160g
두부(물기 제거, 가로세로 3㎝로 깍둑썰기한) … 1모
물 … 250㎖
카레 루 … 2인분

만드는 방법

1 냄비에 오일을 둘러 중불로 가열하고, 생강과 대파를 넣어 구운 색이 들 때까지 볶는다. 다진 돼지고기를 넣고 충분히 볶은 후 두부를 넣어, 수분이 없어질 때까지 함께 볶는다.
2 물을 부어 센불로 한소끔 끓인 후, 3분 정도 약불로 졸인다.
3 불을 끄고, 한 김 식힌 후 루를 넣어 완전히 녹인다.
4 아주 약한 불로 줄이고 걸쭉해질 때까지 끓인다.

다진 돼지고기 & 4가지 버섯 키마카레

재료(2인분)

오일 … 1큰술
양파(다진) … 1/2개
생강(다진) … 1/2쪽
다진 돼지고기 … 150g
●버섯(굵게 다진)
  잎새버섯 … 30g
  만가닥버섯 … 40g
  새송이버섯 … 30g
  팽이버섯 … 50g
뜨거운 물 … 250㎖
가츠오다시 가루 … 1작은술
카레 루 … 2인분

만드는 방법

1 냄비에 오일을 둘러 중불로 가열하고, 양파를 넣어 구운 색이 들 때까지 볶는다. 생강과 다진 고기를 넣고, 표면의 색이 변할 때까지 볶은 후 버섯을 넣어 골고루 볶는다.
2 뜨거운 물과 가츠오다시 가루를 섞어서 넣고, 센불로 한소끔 끓인 후 5분 정도 약불로 졸인다.
3 불을 끄고, 한 김 식힌 후 루를 넣어 완전히 녹인다.
4 아주 약한 불로 줄이고 걸쭉해질 때까지 끓인다.

루 카레

채소 코코넛카레

재료(2인분)

오일 … 1큰술
생강(다진) … 1/2쪽
양파(웨지모양으로 썬) … 1개
당근(마구썰기한) … 1/2개
감자(마구썰기한) … 1개
물 … 200㎖
코코넛밀크 … 150㎖
카레 루 … 2인분

만드는 방법

1   냄비에 오일을 둘러 중불로 가열하고, 생강과 양파를 넣어 구운 색이 들 때까지 볶는다.
2   당근과 감자를 넣고 살짝 볶은 후, 물을 부어 센불로 한소끔 끓인다. 코코넛밀크를 넣고 채소가 부드러워질 때까지 약불로 졸인다.
3   불을 끄고, 한 김 식힌 후 루를 넣어 완전히 녹인다.
4   아주 약한 불로 줄이고 걸쭉해질 때까지 끓인다.

양배추 키마카레

재료(2인분)

오일 … 2작은술
양파(5㎜ 폭으로 썬) … 1/3개
버터 … 10g
심지가 붙어 있는 양배추(웨지모양으로 썬) … 300g
레드와인 … 2큰술
물 … 300㎖
콩소메 가루 … 1작은술
카레 루 … 2인분

만드는 방법

1   냄비에 오일을 둘러 중불로 가열하고, 양파를 넣어 살짝 볶은 후 버터를 넣어 녹인다.
2   냄비 가장자리 쪽으로 양파를 밀어두고, 가운데에 양배추를 놓은 후 위를 가볍게 눌러가며 양쪽 면에 구운 색이 들 때까지 약한 중불로 굽는다.
3   레드와인을 부어 알코올을 날린 후, 물과 콩소메 가루를 넣어 센불로 한소끔 끓이고 5분 정도 약불로 끓인다.
4   불을 끄고, 한 김 식힌 후 루를 넣어 완전히 녹인다.
5   아주 약한 불로 줄이고 걸쭉해질 때까지 끓인다.

도톰한 무 & 토마토 카레

재료(2인분)

오일 … 2큰술
양파(다진) … 1/2개
마늘(간) … 1쪽
토마토 퓌레 … 1작은술
무(폭 2㎝ 은행잎모양으로 썬) … 150g
물 … 400㎖
콩소메 가루 … 1작은술
후추 … 조금
토마토(웨지모양으로 썬) … 1개
카레 루 … 2인분

만드는 방법

1 냄비에 오일을 둘러 중불로 가열하고, 양파를 넣어 구운 색이 들 때까지 볶은 후 마늘과 토마토 퓌레를 넣고 수분이 없어질 때까지 볶는다.
2 무를 넣어 살짝 볶은 후 물, 콩소메 가루, 후추를 넣어 센불로 한소끔 끓이고, 무가 부드러워질 때까지 약불로 졸인다. 토마토를 넣는다.
3 불을 끄고, 한 김 식힌 후 루를 넣어 완전히 녹인다.
4 아주 약한 불로 줄이고 걸쭉해질 때까지 끓인다.

단호박 & 옥수수 카레

재료(2인분)

오일 … 1큰술
양파(폭 5㎜로 슬라이스한) … 1/2개
단호박(두께 5㎜ × 길이 5㎝로 썬) … 150g
옥수수 통조림 … 190g(1캔, 국물째 사용)
물 … 250㎖
카레 루 … 2인분

만드는 방법

1 냄비에 오일을 둘러 중불로 가열하고, 양파를 넣어 구운 색이 들 때까지 볶는다.
2 단호박을 넣어 살짝 볶은 후 옥수수 통조림과 물을 넣어 센불로 한소끔 끓이고, 단호박이 부드러워질 때까지 약불로 졸인다.
3 불을 끄고, 한 김 식힌 후 루를 넣어 완전히 녹인다.
4 아주 약한 불로 줄이고 걸쭉해질 때까지 끓인다.

루 카레

053 ──── 중독적인 식감에 사로잡히다

브로콜리 & 콜리플라워 카레

재료(2인분)

올리브오일 … 2큰술
마늘(다진) … 1쪽
생강(다진) … 1/2쪽
양파(가로세로 1㎝로 굵게 다진) … 1/2개
요구르트 … 3큰술
브로콜리(작은 송이로 나눈) … 1/2개
콜리플라워(작은 송이로 나눈) … 1/2개
물 … 150㎖
두유(상온) … 200㎖
카레 루 … 2인분

만드는 방법

1 냄비에 올리브오일을 둘러 중불로 가열하고 마늘, 생강, 양파를 넣어 10분 정도 약불로 볶는다. 요구르트를 넣고 물기가 없어질 때까지 볶는다.
2 브로콜리와 콜리플라워를 넣어 살짝 볶은 후, 물을 부어 센불로 한소끔 끓이고 3분 정도 약불로 졸인다.
3 불을 끄고, 두유와 루를 넣은 후 루를 완전히 녹인다.
4 아주 약한 불로 줄이고 걸쭉해질 때까지 끓인다.

054 ──── 어딘가 그리운 맛! 육수와 뿌리채소가 정겨운 메뉴

조림풍 카레

재료(2인분)

오일 … 1작은술
당근(마구썰기한) … 1/2~1개
연근(폭 1㎝ 은행잎모양으로 썬) … 1마디
토란(큰 것, 한입크기로 썬) … 1/2개
표고버섯(어슷하게 2등분한) … 2개 정도
●조림국물
  물 … 350㎖
  가츠오다시 가루 … 1작은술
  간장 … 1큰술
  맛술 … 1큰술
카레 루 … 2인분

만드는 방법

1 냄비에 오일을 둘러 중불로 가열하고, 당근과 연근을 넣어 윤기가 돌 때까지 볶는다.
2 토란과 표고버섯을 넣고 가볍게 골고루 섞는다. 조림국물을 붓고, 뚜껑을 덮어 채소가 익을 때까지 8~10분 약한 중불로 끓인다.
3 불을 끄고, 한 김 식힌 후 루를 넣어 완전히 녹인다.
4 아주 약한 불로 줄이고 걸쭉해질 때까지 끓인다.

청경채 & 유부 & 대파 카레

재료(2인분)

오일 ⋯ 2큰술
생강(다진) ⋯ 1/2쪽
대파(1㎝ 폭으로 어슷썰기한) ⋯ 1/2 ~ 1줄기
청경채(마구썰기한) ⋯ 1포기
유부(2㎝ 폭의 직사각형으로 썬) ⋯ 1장
간장 ⋯ 1작은술
뜨거운 물 ⋯ 250㎖
가츠오다시 가루 ⋯ 1작은술
카레 루 ⋯ 2인분
시치미 ⋯ 적당량(취향에 맞게)

만드는 방법

1   냄비에 오일을 둘러 중불로 가열하고, 생강을 넣어 살짝 볶은 후 대파를 넣어 구운 색이 들 때까지 볶는다. 청경채, 유부, 간장을 넣어 함께 살짝 볶는다.
2   뜨거운 물과 가츠오다시 가루를 섞어서 넣은 후, 센불로 한소끔 끓이고 2분 정도 약불로 졸인다.
3   불을 끄고, 한 김 식힌 후 루를 넣어 완전히 녹인다.
4   아주 약한 불로 줄이고 걸쭉해질 때까지 끓인다. 그릇에 담고 시치미를 취향에 맞게 뿌린다.

가츠오다시 두부튀김 카레

재료(2인분)

두부튀김(가로세로 3㎝로 깍둑썰기한) ⋯ 1~2개
오일 ⋯ 2큰술
양파(5mm 폭으로 슬라이스한) ⋯ 1/4개
생강(간) ⋯ 1쪽
물 ⋯ 60㎖
뜨거운 물 ⋯ 250㎖
가츠오다시 가루 ⋯ 1작은술
카레 루 ⋯ 2인분
대파(푸른 부분, 다진) ⋯ 적당량(취향에 맞게)
가츠오부시 ⋯ 적당량(취향에 맞게)
볶은 참깨 ⋯ 적당량(취향에 맞게)

만드는 방법

1   냄비에 두부튀김을 나란히 담아, 표면에 구운 색이 들 때까지 중불로 구운 후 일단 꺼낸다.
2   냄비에 오일을 둘러 중불로 가열하고, 양파를 넣어 구운 색이 들 때까지 볶은 후 생강과 물을 넣어 수분이 없어질 때까지 볶는다.
3   뜨거운 물과 가츠오다시 가루를 섞어서 넣은 후, 센불로 한소끔 끓이고 두부튀김을 넣어 5분 정도 약불로 졸인다.
4   불을 끄고, 한 김 식힌 후 루를 넣어 완전히 녹인다.
5   아주 약한 불로 줄이고, 대파를 넣어 걸쭉해질 때까지 끓인다. 그릇에 담고, 가츠오부시와 볶은 참깨를 취향에 맞게 뿌린다.

루 카레

057 ——— 알록달록한 여름채소가 식욕을 돋운다!

라따뚜이풍 카레

재료(2인분)

올리브오일 … 2큰술
마늘(다진) … 1쪽
양파(가로세로 1㎝로 깍둑썰기한)
… 1/2개
셀러리(가로세로 1㎝로 깍둑썰기한)
… 20g
주키니(폭 2㎝ 은행잎모양으로 썬)
… 1/4 ~ 1/3개
가지(폭 2㎝ 은행잎모양으로 썬) …
1/4~1/2개

파프리카(가로세로 2㎝로 깍둑썰
기한) … 1/3 ~ 1/2개
홀토마토 통조림(으깬) … 1/4캔
화이트와인 … 1큰술
뜨거운 물 … 200㎖
오크라(2㎝ 폭으로 잘게 썬)
… 2개
카레 루 … 2인분

만드는 방법

1 냄비에 올리브오일을 둘러 중불로 가열하고 마늘, 양파, 셀러리를
   넣은 후 10분 정도 약불로 볶는다. 주키니, 가지, 파프리카를 넣고
   부드러워질 때까지 중불로 볶는다.
2 홀토마토 통조림, 화이트와인, 뜨거운 물을 넣어 골고루 섞은 후
   센불로 한소끔 끓이고, 오크라를 넣어 5분 정도 약불로 졸인다.
3 불을 끄고, 한 김 식힌 후 루를 넣어 완전히 녹인다.
4 아주 약한 불로 줄이고 걸쭉해질 때까지 끓인다.

058 ——— 일단 먹으면 중독되는, 사르르 녹는 식감

가지조림풍 생강다시간장 카레

재료(2인분)

오일 … 2큰술 + 1작은술
가지(껍질에 얕게 칼집을 넣어
세로로 4등분한) … 2~3개 분량
●생강다시간장
 생강(간) … 2쪽
 뜨거운 물 … 100㎖
 가츠오다시 가루 … 1작은술
 간장 … 1큰술
 맛술 … 1큰술

양파(5mm 폭으로 슬라이스한)
… 1/3개
물 … 250㎖
카레 루 … 2인분
쪽파(잘게 썬)
… 적당량(취향에 맞게)

만드는 방법

1 냄비에 오일 2큰술을 둘러 중불로 가열하고, 가지의 껍질 쪽이 아
   래를 향하도록 올린 후 전체에 구운 색이 들 때까지 볶는다. 생강
   다시간장 재료를 넣어 한소끔 끓인 후, 다시 2분 정도 약불로 졸이
   고 국물째 꺼내 둔다.
2 빈 냄비에 오일 1작은술을 둘러 중불로 가열하고, 양파를 넣어 구
   운 색이 들 때까지 볶는다. 물을 부어 센불로 한소끔 끓인 후, 2분
   정도 약불로 졸인다.
3 불을 끄고, 한 김 식힌 후 루를 넣어 완전히 녹인다.
4 아주 약한 불로 줄이고, 걸쭉해질 때까지 끓인 후 1을 국물째 부어
   가볍게 섞는다. 그릇에 담고 쪽파를 뿌린다.

059 ——————— 햇양파의 단맛으로 봄의 산뜻함을 표현한

햇양파 & 베이컨 봄채소 카레

재료(2인분)

햇양파(웨지모양으로 썬) … 2개
마늘(간) … 1쪽
생강(간) … 1쪽
베이컨(1cm 폭으로 썬) … 50g
케첩 … 1작은술
물 … 500㎖
카레 루 … 1.5인분

만드는 방법

1 냄비에 루를 제외한 모든 재료를 넣어 중불로 한소끔 끓인 후,
   뚜껑을 덮고 20분 정도 약불로 졸인다.
2 뚜껑을 열고, 루를 녹여 보글보글 끓인다.

060 ——————— 완두콩의 맛이 악센트인 일품 메뉴. 안주로도 좋다!

완두콩 봄채소 카레

재료(2인분)

오일 … 1큰술
양파(굵게 다진) … 1/2개
완두콩(통조림, 수분 제거) … 250g
새우(껍질 제거) … 80g
물 … 200㎖
카레 루 … 2인분

만드는 방법

1 냄비에 오일을 둘러 중불로 가열하고, 양파를 넣어 살짝 볶는다.
2 완두콩과 새우를 넣고 볶는다.
3 물을 부어 센불로 한소끔 끓인 후 약불로 줄이고, 루를 녹여 보글
   보글 끓인다.

061 ——— 듬뿍 들어간 녹색 채소가 더위를 날린다!

3가지 여름채소 카레

루
카
레

재료(2인분)

오일 … 1큰술
양파(가로세로 1㎝로 깍둑썰기한) … 1/2개
오크라(1㎝ 폭으로 썬) … 10개
꼬투리강낭콩(1㎝ 폭으로 썬) … 20개
꽈리고추(1㎝ 폭으로 썬) … 15개
고기미소* … 2작은술
물 … 150㎖
카레 루 … 1.5인분
*돼지고기와 미소를 뭉근히 조린 것.

만드는 방법

1 냄비에 오일을 둘러 중불로 가열하고, 양파를 넣어 살짝 볶는다.
2 오크라, 꼬투리강낭콩, 꽈리고추, 고기미소를 넣어 함께 볶는다.
3 물을 부어 센불로 한소끔 끓이고, 약불로 줄인 후 루를 녹여 섞는다.

062 ——— 껍질을 벗기면, 마치 과일같이 달달한 파프리카!

파프리카 여름채소 카레

재료(2인분)

파프리카 … 5개
오일 … 1큰술
마늘(다진) … 1쪽
생강(다진) … 1쪽
물 … 100㎖
카레 루 … 1.5인분

만드는 방법

1 파프리카를 생선구이용 그릴 등으로 표면 전체가 새까맣게 변할 때
까지 굽는다. 볼에 담고 비닐랩을 씌워 남은 열을 제거한 후, 껍질을
벗겨서 적당한 크기로 썬다.
2 냄비에 오일을 둘러 중불로 가열하고, 마늘과 생강을 넣어 볶은 후
파프리카를 넣어 골고루 섞는다.
3 물을 부어 센불로 한소끔 끓이고, 약불로 줄인 후 루를 녹여 섞는다.

버섯 & 견과류 가을채소 카레

재료(2인분)

오일 … 1큰술
마늘(다진) … 1쪽
양송이버섯 … 3팩(300g)
화이트와인 … 200㎖
물 … 100㎖
카레 루 … 1인분
스튜 루 … 1인분
견과류 믹스 … 3큰술

만드는 방법

1. 냄비에 오일을 둘러 중불로 가열하고, 마늘을 넣어 노릇해질 때까지 볶는다.
2. 양송이버섯을 넣어 섞은 후, 뚜껑을 덮고 5분 정도 약불로 찌듯이 익힌다.
3. 뚜껑을 열고, 화이트와인과 물을 부어 센불로 한소끔 끓인다. 약불로 줄이고 카레 루와 스튜 루를 녹여 섞는다.
4. 견과류 믹스를 섞는다.

가을채소 가지 & 팽이버섯 카레

재료(2인분)

오일 … 2큰술
가지(가늘게 썬) … 3개
감자(채썬) … 1개
팽이버섯(작은 송이로 나눈) … 1묶음
물 … 200㎖
카레 루 … 2인분

만드는 방법

1. 냄비에 오일을 둘러 중불로 가열하고, 가지를 넣어 살짝 섞은 후 뚜껑을 덮어 5분 정도 약불로 찌듯이 익힌다.
2. 감자와 팽이버섯을 넣어 섞은 후 물을 부어 센불로 한소끔 끓이고, 뚜껑을 덮어 5분 정도 약불로 끓인다.
3. 뚜껑을 열고 루를 녹여 섞는다.

루
카
레

065 ———— 순무의 걸쭉함이 겨울 추위를 녹인다

순무 & 대파 겨울채소 카레

재료(2인분)

오일 … 1큰술
대파(다진) … 1/2줄기
베이컨(굵게 다진) … 조금
물 … 300㎖
순무(4등분한) … 2개
카레 루 … 1.5인분

만드는 방법

1 냄비에 오일을 둘러 중불로 가열하고, 대파와 베이컨을 넣은 후 베이컨이 바삭해질 때까지 볶는다.
2 물을 부어 센불로 한소끔 끓인 후 순무를 넣고, 뚜껑을 덮어 10분 정도 약불로 끓인다.
3 뚜껑을 열고 루를 녹여 섞는다.

066 ———— 선명한 그린카레와 함께 파래향이 솔솔 퍼지는

시금치 & 파래 겨울채소 카레

재료(2인분)

시금치(데친) … 5포기
오일 … 2큰술
마늘(다진) … 1쪽
생강(다진) … 1쪽
파래 … 1작은술
물 … 200㎖
브로콜리(작은 송이로 나눈) … 1/3개
카레 루 … 2인분

만드는 방법

1 시금치를 믹서로 갈아 페이스트 상태를 만든다.
2 냄비에 오일을 둘러 중불로 가열하고, 마늘과 생강을 넣어 살짝 볶는다.
3 파래를 넣고 섞은 후, 물을 부어 센불로 한소끔 끓인다. 브로콜리를 넣고 3분 정도 약불로 끓인다.
4 루를 녹여 섞은 후, 1의 페이스트를 넣고 섞는다.

067 ——— 병아리콩의 보슬보슬한 식감이 중독적인 메뉴

병아리콩 카레

재료(2인분)
***

오일 … 2큰술
대파(둥글게 썬) … 2줄기
마늘(간) … 1쪽
생강(간) … 1쪽
병아리콩(통조림, 가볍게 으깬) … 250g
매실장아찌(과육을 다진) … 1개
설탕 … 1작은술
물 … 150㎖
카레 루 … 2인분
고수(다진) … 적당량

만드는 방법
***

1   냄비에 오일을 둘러 중불로 가열하고, 대파를 넣어 여우색이 될 때
    까지 볶는다.
2   마늘과 생강을 넣어 볶다가 병아리콩, 매실장아찌, 설탕, 물을 넣
    고 센불로 한소끔 끓인 후 약불로 줄여 살짝 끓인다.
3   루를 녹여 섞은 후, 고수를 넣고 2분 정도 끓인다.

068 ——— 고기만큼 포만감 최고인 콩카레!

믹스빈 카레

재료(2인분)
***

오일 … 2큰술
양파(다진) … 1/2개
마늘(간) … 1쪽
생강(간) … 1쪽
믹스빈 … 250g
물 … 200㎖
카레 루 … 2인분
달걀물 … 2개 분량

만드는 방법
***

1   냄비에 오일을 둘러 중불로 가열하고, 양파를 넣어 여우색이 될 때까
    지 볶는다. 마늘과 생강을 넣고 살짝 볶은 후 믹스빈을 넣어 섞는다.
2   물을 부어 센불로 한소끔 끓인 후, 약불로 줄이고 루를 녹여 섞는다.
3   달걀물을 넣고 골고루 섞으면서 보글보글 끓인다.

고급진 잿방어와 참기름의 향은 최고의 궁합!

잿방어 카레

재료(2인분)

참기름 … 1큰술
잿방어(한입크기로 썬) … 4토막
생강(간) … 1쪽
무(얇게 슬라이스한) … 1/5개
남플라 … 2작은술
물 … 200㎖
카레 루 … 1인분

만드는 방법

1 냄비에 참기름을 둘러 중불로 가열하고, 잿방어를 넣어 표면 전체에 구운 색이 들 때까지 굽는다.
2 루를 제외한 모든 재료를 넣고 센불로 한소끔 끓인 후, 약불로 줄여 5분 정도 졸인다.
3 루를 녹여 섞는다.

담백한 대구를 미소로 걸쭉하게 완성한

대구 카레

재료(2인분)

참기름 … 1큰술
대구(한입크기로 썬) … 4토막
생강(간) … 1쪽
홀토마토 통조림(으깬) … 1/2캔
미소 … 2작은술
물 … 200㎖
카레 루 … 1인분

만드는 방법

1 냄비에 참기름을 둘러 중불로 가열하고, 대구를 표면 전체에 색이 들 때까지 굽는다.
2 루를 제외한 모든 재료를 넣고 센불로 한소끔 끓인 후, 약불로 줄여 3분 정도 졸인다.
3 루를 녹여 섞는다.

루
카
레

고등어 카레

재료(2인분)
────────────────────

참기름 … 1큰술
양파(웨지모양으로 썬) … 1/2개
고등어(한입크기로 썬) … 4토막
화이트와인 … 100㎖
생강(간) … 1쪽
미소 … 2작은술
설탕 … 1작은술
물 … 100㎖
카레 루 … 1인분

만드는 방법
────────────────────

1 냄비에 참기름을 둘러 중불로 가열하고, 양파와 고등어를 넣어 표면
   전체에 색이 들 때까지 볶는다. 화이트와인을 넣고 알코올을 날린다.
2 루를 제외한 모든 재료를 넣고 센불로 한소끔 끓인 후, 약불로 줄
   여 3분 정도 졸인다.
3 루를 녹여 섞는다.

전갱이 카레

재료(2인분)
────────────────────

참기름 … 1큰술
양파(웨지모양으로 썬) … 1/2개
전갱이(토막썰기한) … 2마리
생강(간) … 1쪽
마늘(간) … 1쪽
간장 … 2작은술
시치미 … 1작은술
물 … 200㎖
카레 루 … 1인분

만드는 방법
────────────────────

1 냄비에 참기름을 둘러 중불로 가열하고, 양파와 전갱이를 넣은 후
   표면 전체에 색이 들 때까지 볶는다.
2 루를 제외한 모든 재료를 넣고 센불로 한소끔 끓인 후, 약불로 줄
   여 3분 정도 졸인다.
3 루를 녹여 섞는다.

루
카
레

연어 카레

재료(2인분)

참기름 … 1큰술
연어(한입크기로 썬) … 4토막
생강(간) … 1쪽
당근(얇게 마구썰기한) … 1/3개
마멀레이드 … 1큰술
소금 … 조금
물 … 200㎖
카레 루 … 1인분

만드는 방법

1 냄비에 참기름을 둘러 중불로 가열하고, 연어를 넣어 표면 전체에 색이 들 때까지 익힌다.
2 루를 제외한 모든 재료를 넣고, 센불로 한소끔 끓인 후 약불로 줄여 3분 정도 졸인다.
3 루를 녹여 섞는다.

대합 카레

재료(2인분)

참기름 … 1큰술
마늘(다진) … 2쪽
양배추(듬성듬성 썬) … 100g
대합(익혀서 살만 사용) … 8개 분량
생강(간) … 1쪽
버터 … 20g
물 … 250㎖
카레 루 … 1인분

만드는 방법

1 냄비에 참기름을 둘러 중불로 가열하고, 마늘과 양배추를 넣어 숨이 죽을 때까지 볶는다.
2 루를 제외한 모든 재료를 넣고, 센불로 한소끔 끓인 후, 약불로 줄여 3분 정도 졸인다.
3 루를 녹여 섞는다.

075 ——— 듬뿍 들어간 부추의 향과 오징어가 찰떡궁합!

오징어 카레

재료(2인분)

참기름 … 1큰술
오징어(작은 화살오징어 사용, 작게 한입크기로 썬) … 200g
생강(간) … 1쪽
양파(가로세로 2㎝로 깍둑썰기한) … 1개
부추(잘게 썬) … 3개
설탕 … 1작은술
남플라 … 2작은술
물 … 200㎖
카레 루 … 1인분

만드는 방법

1 냄비에 참기름을 둘러 중불로 가열하고, 오징어를 넣어 표면 전체
   에 색이 들 때까지 볶는다.
2 루를 제외한 모든 재료를 넣고, 센불로 한소끔 끓인 후 약불로 줄
   여 3분 정도 졸인다.
3 루를 녹여 섞는다.

076 ——— 화이트와인과 잘 어울리는, 지중해요리 스타일!

문어 카레

재료(2인분)

참기름 … 1큰술
데친 문어(5㎜ 폭으로 썬) … 200g
마늘(슬라이스한) … 2쪽
파프리카(다진) … 1개
무 잎(또는 순무 잎, 다진) … 80g
생강(간) … 1쪽
케첩 … 2작은술
물 … 200㎖
카레 루 … 1인분

만드는 방법

1 냄비에 참기름을 둘러 중불로 가열하고, 문어와 마늘을 넣어 표면
   전체에 색이 들 때까지 볶는다.
2 루를 제외한 모든 재료를 넣고, 센불로 한소끔 끓인 후 약불로 줄
   여 3분 정도 졸인다.
3 루를 녹여 섞는다.

새우 카레

재료(2인분)

참기름 … 1큰술
새우(껍질 포함) … 8마리
생강(간) … 1쪽
순무(얇게 마구썰기한) … 1개
버터 … 20g
레몬즙 … 1/2개
물 … 200㎖
소금 … 1/2작은술(조금 적게)
카레 루 … 1인분

만드는 방법

1 냄비에 참기름을 둘러 중불로 가열하고, 새우를 넣어 표면 전체에 색이 들 때까지 볶는다.
2 루를 제외한 모든 재료를 넣고, 센불로 한소끔 끓인 후 약불로 줄여 3분 정도 졸인다.
3 루를 녹여 섞는다.

새우 & 믹스채소 카레

재료(2인분)

참기름 … 1큰술
새우살 … 200g
마늘(슬라이스한) … 2쪽
레드와인 … 100㎖
생강(간) … 1쪽
토마토(듬성듬성 썬) … 1개
순무(세로로 6등분한) … 1개
당근(얇게 마구썰기한) … 1/3개
설탕 … 1작은술
물 … 100㎖
카레 루 … 2인분

만드는 방법

1 냄비에 참기름을 둘러 중불로 가열하고, 새우와 마늘을 넣어 표면 전체에 색이 들 때까지 볶는다. 레드와인을 넣고 알코올을 날린다.
2 루를 제외한 모든 재료를 넣고, 센불로 한소끔 끓인 후 약불로 줄여 3분 정도 졸인다.
3 루를 녹여 섞는다.

꽁치 미소조림 카레

재료(2인분)

오일 ⋯ 1큰술
생강(채썬) ⋯ 3/4쪽
대파(푸른 부분, 5㎜ 폭으로 둥글게 썬) ⋯ 100g
물 ⋯ 300㎖
고등어 미소조림(통조림) ⋯ 2캔
카레 루 ⋯ 2인분

만드는 방법

1 냄비에 오일을 둘러 중불로 가열하고, 생강을 넣어 살짝 볶은 후 대파를 넣어 구운 색이 들 때까지 볶는다.
2 물을 부어 센불로 한소끔 끓인 후, 고등어 미소조림을 국물째 넣고 5분 정도 약불로 졸인다.
3 불을 끄고, 한 김 식힌 후 루를 넣어 완전히 녹인다.
4 아주 약한 불로 줄이고 걸쭉해질 때까지 끓인다.

꽁치 가바야키 카레

재료(2인분)

오일 ⋯ 1큰술
생강(다진) ⋯ 3/4쪽
양파(다진) ⋯ 1/2개
물 ⋯ 300㎖
꽁치 가바야키(통조림, 한입크기로 썬) ⋯ 2캔
카레 루 ⋯ 2인분

만드는 방법

1 냄비에 오일을 둘러 중불로 가열하고, 생강을 넣어 살짝 볶은 후 양파를 넣어 구운 색이 들 때까지 볶는다.
2 물을 부어 센불로 한소끔 끓인 후, 꽁치 가바야키를 양념째 넣고 2분 정도 약불로 졸인다.
3 불을 끄고, 한 김 식힌 후 루를 넣어 완전히 녹인다.
4 아주 약한 불로 줄이고 걸쭉해질 때까지 끓인다.

루 카레

클램차우더풍 바지락 카레

재료(2인분)

버터 20g

A
┌ 마늘(다진) … 1쪽
│ 얇은 베이컨(가로세로 1㎝로 깍둑썰기한) … 20g
│ 양파(가로세로 1㎝로 깍둑썰기한) … 1/4개
└ 당근(가로세로 5㎜로 깍둑썰기한) … 1/5개
감자(가로세로 1㎝로 깍둑썰기한) … 1/2개
화이트와인 … 1큰술

바지락 통조림 … 4캔(국물 제거 후 120g)
물 … 50㎖
콩소메 가루 … 1작은술
소금, 후추 … 조금씩
우유 … 200㎖
카레 루 … 0.5인분
파슬리(다진) … 적당량

만드는 방법

1 냄비에 버터를 약불로 녹이고, **A**를 넣어 양파가 투명해질 때까지 약한 중불로 볶은 후 감자를 넣어 살짝 볶는다.
2 화이트와인을 센불에 올려 끓어오르면 바지락 통조림(국물째), 물, 콩소메 가루, 소금, 후추를 넣고 센불로 한소끔 끓인 후, 감자가 부드러워질 때까지 약불로 졸인다.
3 우유를 넣고 보글보글할 때까지 약한 중불로 끓인 후 불을 끈다.
4 한 김 식힌 후 루를 넣고, 남은 열로 섞으면서 루를 완전히 녹인다.
5 파슬리를 넣고 2분 정도 약불로 졸인다.

참치통조림 카레 리소토

재료(2인분)

버터 … 20g
양파(다진) … 1/4개
참치통조림(오일절임) … 2캔
찬밥 … 300g
뜨거운 물 … 100㎖

우유 … 100㎖
카레 루 … 2인분
피자용 치즈 … 30g
가루치즈 … 적당량
파슬리(다진) … 적당량

만드는 방법

1 냄비에 버터를 약불로 녹이고, 양파를 넣어 투명해질 때까지 약한 중불로 볶는다. 참치통조림을 오일째 넣고 수분이 없어질 때까지 볶는다.
2 밥을 넣어 골고루 섞은 다음 뜨거운 물과 우유를 붓고, 센불로 한소끔 끓인 후 불을 끈다.
3 루를 넣고, 남은 열로 섞으면서 루를 완전히 녹인다.
4 피자용 치즈를 넣고 저어가며 약불로 녹인다. 그릇에 담고, 가루치즈와 파슬리를 뿌린다.

소고기 & 피망 볶음카레

루
카
레

재료(2인분)

카레 루 ··· 2인분
뜨거운 물 ··· 150㎖
참기름 ··· 1큰술
마늘(채썬) ··· 1쪽
생강(다진) ··· 1쪽
양파(슬라이스한) ··· 1/2개
소고기(구이용, 가늘게 썬) ··· 150g
피망(가늘게 썬) ··· 2개
볶은 참깨 ··· 2작은술

만드는 방법

1 내열용기에 루를 담고, 뜨거운 물을 부어 골
고루 섞는다.

> **POINT**
> 루를 미리 풀어두면 덩어리지지 않아, 졸이는 시간을 줄일 수 있다.

2 냄비에 참기름을 둘러 중불로 가열하고, 마늘
과 생강을 넣어 은은하게 색이 들 때까지 볶
는다.

3 양파를 넣어 여우색이 될 때까지 볶는다.

4 소고기를 넣어 표면에 색이 들 때까지 볶는다.

5 피망과 참깨를 넣고 3분 정도 볶는다.

6 1의 루를 한 번에 넣고 살짝 볶는다.

후이궈러우 볶음카레

재료(2인분)

● 조림소스
카레 루 … 1인분
중화수프 가루(과립) … 1작은술
춘장(또는 미소) … 1큰술
홍고추(씨 제거 후 둥글게 썬)
… 1개 분량
맛술 … 1큰술
설탕 … 1작은술
뜨거운 물 … 250㎖

오일 … 1+1/2큰술
마늘(다진) … 1쪽
돼지고기(삼겹살) … 120g
생강(채썬) … 1/2쪽
대파(얇게 어슷썰기한) … 1/4개
양배추(가로세로 3~4㎝로 듬성듬성 썬)
… 100g
피망(가로세로 2㎝로 깍둑썰기한)
… 1개
고추기름 … 1작은술

만드는 방법

1 내열용기에 조림소스 재료를 모두 담고 골고루 섞어 둔다.
2 냄비에 오일을 둘러 중불로 가열하고, 마늘을 넣어 볶은 후 돼지고기를 넣어 표면의 색이 변할 때까지 볶는다.
3 생강과 대파를 넣어 숨이 죽을 때까지 볶은 후, 양배추와 피망을 넣고 살짝 볶는다.
4 조림소스를 넣어 한소끔 끓인다.
5 약불로 끓여, 소스가 걸쭉해지면 고추기름을 넣고 섞는다.

고추잡채 볶음카레

재료(2인분)

● 조림소스
카레 루 … 1인분
중화수프 가루(과립) … 1작은술
굴소스 … 2작은술
간장 … 1작은술
맛술 … 1큰술
뜨거운 물 … 250㎖
오일 … 1+1/2큰술
돼지고기(두툼한 생강구이용 등심, 4~5㎜ 폭으로 가늘게 썬) … 120g
죽순(통조림, 가늘게 썬) … 50g
피망(3㎜ 폭으로 가늘게 썬) … 3개
대파(다진) … 1/4줄기

만드는 방법

1 내열용기에 조림소스 재료를 모두 담고 골고루 섞어 둔다.
2 냄비에 오일을 둘러 중불로 가열한 후, 돼지고기를 넣고 풀면서 익을 때까지 볶는다.
3 죽순과 피망을 넣어 살짝 볶은 후 대파를 넣고 함께 볶는다.
4 조림소스를 넣어 중불로 한소끔 끓인다.
5 가볍게 저어가며 약불로 졸여, 소스가 걸쭉해지면 마무리한다.

루
카
레

부추달걀 볶음카레

루
카
레

재료(2인분)

달걀 … 3개
우유 … 2큰술
소금 … 1꼬집
후추 … 조금
오일 … 2작은술

참기름 … 1작은술
부추(3㎝ 길이로 썬) … 80g
카레 루 … 2인분
뜨거운 물 … 250㎖

밑준비

부추달걀을 만든다.

1 볼에 달걀, 우유, 소금, 후추를 넣고 섞어 달걀물을 만든다.
2 냄비에 오일과 참기름을 둘러 중불로 가열하고, 부추를 넣어 살짝 볶는다.
3 달걀물을 붓고, 익기 시작하면 불을 약하게 줄인 후 크게 저으면서 반숙 상태가 될 때까지 볶는다.

만드는 방법

1 루를 뜨거운 물에 푼 후, 부추달걀이 들어 있는 냄비에 둘러 중불로 한소끔 끓인다.
2 가볍게 저어가며 약불로 끓여, 소스가 걸쭉해지면 마무리한다.

채소 볶음카레

재료(2인분)

오일 … 1큰술
당근(3㎜ 두께로 어슷하게 반달썰기한) … 1/5개
양배추(듬성듬성 썬) … 80g
숙주 … 50g
대파(푸른 부분, 어슷썰기한) … 20g
소금, 후추 … 조금씩
카레 루 … 2인분
뜨거운 물 … 250㎖

만드는 방법

1 냄비에 오일을 둘러 중불로 가열하고, 당근을 넣어 부드러워질 때까지 볶는다.
2 양배추, 숙주, 대파를 넣고 소금, 후추를 뿌린 후 전체가 숨이 죽을 때까지 볶는다.
3 뜨거운 물에 녹인 루를 넣고 한소끔 끓인다.
4 가볍게 저어가며 약불로 끓여, 소스가 걸쭉해지면 마무리한다.

돼지 간 & 부추 & 숙주 볶음카레

재료(2인분)

●조림소스
　카레 루 … 1인분
　중화수프 가루(과립)
　… 1작은술
　굴소스 … 2작은술
　간장 … 1작은술
　맛술 … 1큰술
　뜨거운 물 … 250㎖
오일 … 1큰술 + 1작은술

돼지 간(2~3㎜ 두께로 썬)
… 200g(냄새가 신경 쓰일 경우,
우유에 30분 정도 담근 후 물기
제거)
마늘(다진) … 1+1/2쪽
생강(다진) … 1쪽
숙주 … 1/2봉지(100g)
부추 … 1묶음

만드는 방법

1　내열용기에 조림소스 재료를 모두 담고 골고루 섞어 둔다.
2　냄비에 오일 1큰술을 둘러 중불로 가열하고, 돼지 간을 넣어 표면
　에 구운 색이 들 때까지 볶은 후 일단 꺼내 둔다.
3　빈 냄비에 오일 1작은술, 마늘, 생강을 넣고 향이 날 때까지 볶은
　후 숙주를 넣어 살짝 볶는다.
4　돼지 간을 다시 넣고, 부추를 넣어 센불로 살짝 볶는다. 조림소스
　를 넣고 중불로 한소끔 끓인다.
5　가볍게 저어가며 약불로 끓여, 소스가 걸쭉해지면 마무리한다.

간 & 부추 볶음카레

재료(2인분)

참기름 … 1큰술
마늘(다진) … 1쪽
닭 간 … 150g
양파(두껍게 슬라이스한) … 1/2개
부추(5㎝ 폭으로 썬) … 5줄기
카레 루 … 2인분
뜨거운 물 … 150㎖

만드는 방법

1　냄비에 참기름을 둘러 중불로 가열하고, 마늘과 간을 넣고 볶는다.
2　양파와 부추를 넣고 살짝 볶는다.
3　뜨거운 물에 녹인 루를 넣고 살짝 볶는다.

루 카레

중화풍 가지미소 볶음카레

재료(2인분)

●조림소스	가지(한입크기로 마구썰기한)
카레 루 … 1인분	… 2~3개
중화수프 가루(과립) … 1작은술	다진 돼지고기 … 150g
미소 … 1큰술	마늘(다진) … 1쪽
맛술 … 1+1/2큰술	생강(다진) … 1/2쪽
식초 … 1작은술	대파(다진) … 1/2줄기
고춧가루 … 1/4작은술	참기름 … 1작은술
뜨거운 물 … 250㎖	
오일 … 1큰술 + 1작은술	

루
카
레

만드는 방법

1 내열용기에 조림소스 재료를 모두 담고 골고루 섞어 둔다.
2 냄비에 오일 1큰술을 둘러 중불로 가열하고, 가지를 넣어 구운 색이 살짝 들 때까지 볶은 후 일단 꺼낸다.
3 빈 냄비에 오일 1작은술을 둘러 중불로 가열하고, 다진 돼지고기를 넣어 고기에서 나온 기름이 투명해질 때까지 볶은 후, 마늘과 생강을 넣고 향이 날 때까지 볶는다.
4 가지를 다시 넣고, 조림소스를 넣어 중불로 한소끔 끓인다.
5 약불로 줄여 소스가 걸쭉해질 때까지 끓인 후, 대파와 참기름을 넣고 섞는다.

마파가지 볶음카레

재료(2인분)

참기름 … 1큰술
다짐육 … 150g
가지(가늘게 썬) … 1개
두반장 … 2작은술
생강(채썬) … 1쪽
카레 루 … 1.5인분
뜨거운 물 … 150㎖

만드는 방법

1 냄비에 참기름을 둘러 중불로 가열하고, 다짐육을 넣어 완전히 익을 때까지 볶는다.
2 가지, 두반장, 생강을 넣고 중불로 살짝 볶는다.
3 뜨거운 물에 녹인 루를 넣고 살짝 볶는다.

마파두부 볶음카레

재료(2인분)

참기름 … 1큰술
마늘(다진) … 1쪽
다진 닭고기 … 150g
두반장 … 2작은술
두부(깍둑썰기해서 데친) … 1모
카레 루 … 1.5인분
뜨거운 물 … 150㎖

만드는 방법

1 냄비에 참기름을 둘러 중불로 가열하고, 마늘과 다진 닭고기를 넣어 완전히 익을 때까지 볶는다.
2 두반장과 두부를 넣고 중불로 살짝 볶는다.
3 뜨거운 물에 녹인 루를 넣고 살짝 볶는다.

시금치 & 달걀 볶음카레

재료(2인분)

오일 … 1큰술
다진 돼지고기 … 100g
마늘(간) … 1쪽
생강(간) … 1쪽
시금치(데쳐서 듬성듬성 썬) … 5포기
달걀물 … 2개 분량
카레 루 … 2인분
뜨거운 물 … 150㎖

만드는 방법

1 냄비에 오일을 둘러 중불로 가열하고, 다진 돼지고기를 넣어 표면 전체에 색이 들 때까지 볶는다.
2 마늘, 생강, 시금치를 넣고 향이 날 때까지 중불로 볶은 후, 달걀물을 부어 달걀이 익을 때까지 볶는다.
3 뜨거운 물에 녹인 루를 넣고 살짝 볶는다.

루
카
레

———— 아침의 정석, 베이컨 에그를 카레로

베이컨 에그 볶음카레

재료(2인분)

오일 … 1큰술
양파(가로로 2등분한 후 2㎜ 폭으로 썬) … 1/4개
베이컨(얇은 것, 2㎝ 폭의 직사각형으로 썬) … 150g
달걀 … 2개
카레 루 … 2인분
뜨거운 물 … 250㎖

만드는 방법

1   냄비에 오일을 둘러 중불로 가열하고, 양파와 베이컨을 넣어 구운
    색이 들 때까지 볶는다.
2   양파와 베이컨을 냄비 가장자리에 밀어두고, 달걀프라이를 만든다.
3   뜨거운 물에 녹인 루를 넣고 한소끔 끓인다.
4   약불로 줄이고, 달걀프라이가 터지지 않게 섞은 후 소스가 걸쭉해
    지면 마무리한다.

———— 4가지 버섯이 식욕을 돋우는 볶음카레

버섯 볶음카레

재료(2인분)

버터 … 20g
양파(다진) … 1/4개
마늘(간) … 1쪽
●버섯
  잎새버섯(작은 송이로 나눈) … 60g
  새송이버섯(세로로 2등분한 후 어슷하게 슬라이스한) … 80g
  만가닥버섯(작은 송이로 나눈) … 80g
  팽이버섯(작은 송이로 나눈) … 60g
카레 루 … 2인분
뜨거운 물 … 250㎖

만드는 방법

1   냄비에 버터를 약불로 녹이고, 양파를 넣어 숨이 죽을 때까지 중불
    로 볶는다.
2   마늘을 넣고, 향이 나기 시작하면 버섯을 넣은 후 전체가 숨이 죽
    을 때까지 볶는다.
3   뜨거운 물에 녹인 루를 넣고 한소끔 끓인다.
4   가볍게 저어가며 약불로 끓여, 소스가 걸쭉해지면 마무리한다.

돼지고기 & 김치 볶음카레

재료(2인분)

참기름 … 1큰술
양파(웨지모양으로 썬) … 1/2개
돼지고기(자투리 부분) … 150g
김치 … 50g
카레 루 … 2인분
뜨거운 물 … 150㎖

만드는 방법

1 냄비에 참기름을 둘러 중불로 가열하고, 양파를 넣어 살짝 볶는다.
2 돼지고기와 김치를 넣고 볶는다.
3 뜨거운 물에 녹인 루를 넣고 살짝 볶는다.

오징어 & 김치 볶음카레

재료(2인분)

오일 … 1큰술
대파(1㎝ 폭으로 잘게 썬) … 1/2줄기
오징어(둥글게 썬) … 1/2마리(150g, 냉동도 가능)
김치 … 100g
카레 루 … 2인분
뜨거운 물 … 250㎖

만드는 방법

1 냄비에 오일을 둘러 중불로 가열하고, 대파를 넣어 구운 색이 들 때까지 볶는다.
2 오징어를 넣고, 익을 때까지 중불로 볶은 후 김치를 넣고 섞는다.
3 뜨거운 물에 녹인 루를 넣고 끓인다.
4 약불로 줄인 후 가볍게 저어가며 끓여, 소스가 걸쭉해지면 마무리한다.

루카레

스태미나 돼지 & 숙주 볶음카레

재료(2인분)

참기름 … 1큰술
숙주 … 1봉지(200g)
마늘(다진) … 1쪽
돼지고기(잘게 썬) … 100g
카레 루 … 2인분
뜨거운 물 … 150㎖
간장 … 1작은술

만드는 방법

1 냄비에 참기름을 둘러 중불로 가열하고, 숙주를 넣어 섞은 후 뚜껑을 덮고 2분 정도 찌듯이 굽는다.

2 마늘과 돼지고기를 넣고 중불로 볶는다.

3 뜨거운 물에 녹인 루와 간장을 넣고 살짝 볶는다.

———— 아삭한 양배추와 닭고기로 만든 먹음직스러운 카레

양배추 & 닭고기 매운 볶음카레

재료(2인분)

닭다리살(한입크기로 썬) ⋯ 150g
오일 ⋯ 1큰술
양배추(듬성듬성 썬) ⋯ 200g
땅콩(부순) ⋯ 1큰술
카레 루 ⋯ 2인분
뜨거운 물 ⋯ 150㎖

만드는 방법

1 냄비에 닭다리살의 껍질이 아래를 향하도록 올리고, 표면 전체가 노릇해질 때까지 중불로 굽는다.
2 오일, 양배추, 땅콩을 넣고 뚜껑을 덮은 후, 양배추의 숨이 죽을 때까지 중불로 찌듯이 굽는다.
3 뜨거운 물에 녹인 루를 넣고 살짝 볶는다.

———— 식욕을 돋우는 오크라와 낫토의 조합

오크라 & 낫토 볶음카레

재료(2인분)

오일 ⋯ 1큰술
양파(가로로 2등분한 후 2㎜ 폭으로 썬) ⋯ 1/2개
생강(3㎝ 길이로 채썬) ⋯ 1쪽
오크라(1㎝ 폭으로 어슷썰기한) ⋯ 16개
낫토 ⋯ 1팩
카레 루 ⋯ 2인분
뜨거운 물 ⋯ 250㎖

만드는 방법

1 냄비에 오일을 둘러 중불로 가열하고, 양파를 넣어 숨이 죽을 때까지 볶는다.
2 생강과 오크라를 넣고, 중불로 살짝 볶은 후 낫토를 넣고 섞는다.
3 뜨거운 물에 녹인 루를 넣어 한소끔 끓인다.
4 가볍게 저어가며 약불로 졸여, 소스가 걸쭉해지면 마무리한다.

루
카
레

101 ———— 브로콜리에 스며든 가리비의 감칠맛

브로콜리 & 가리비 볶음카레

재료(2인분)

오일 … 1큰술
브로콜리(작은 것, 작은 송이로 나눈) … 1/4개
가리비 … 150g
마요네즈 … 1큰술
카레 루 … 1.5인분
뜨거운 물 … 150㎖

만드는 방법

1 냄비에 오일을 둘러 중불로 가열하고, 브로콜리를 넣어 살짝 볶는다.
2 가리비와 마요네즈를 넣고 살짝 볶는다.
3 뜨거운 물에 녹인 루를 넣고 살짝 볶는다.

102 ———— 맥주에 제격인 독일식 카레

소시지 & 감자 볶음카레

재료(2인분)

오일 … 1큰술
소시지(어슷하게 칼집을 낸) … 10개
감자(가로세로 1㎝로 깍둑썰기한) … 1개
올리브(씨 제거) … 20개
카레 루 … 2인분
뜨거운 물 … 150㎖

만드는 방법

1 냄비에 오일을 둘러 중불로 가열하고, 소시지와 감자를 넣어 노릇
해질 때까지 볶는다.
2 올리브를 넣고 1분 정도 더 볶는다.
3 뜨거운 물에 녹인 루를 넣고 살짝 볶는다.

와타나베 마사유키

와타나베 마사유키는 카레전문 레시피 개발그룹 「틴 팬 카레」에서 「아마추어용 레시피」를 담당하고 있다. 전문가 수준의 기술을 가졌지만, 일반인이 요리하기 좋은 레시피를 만드는 것이 목표다. 카레 전문점 「TOKYO MIX CURRY」도 따로 운영 중이다.

수줍은 성격 탓에 자기 이야기를 많이 하지 않아, 그의 존재는 베일에 싸여 있다. 그래서인지 와타나베 마사유키가 런던에 머물 때, 서인도 고어주의 전문점에서 견습했던 사실도 거의 알려지지 않았다. 조리기술 습득뿐 아니라 스스로 그 가게의 경영 구조를 정리해서 개선점 등 엄청난 양의 조사 리포트를 수집한 '위업(?)'을 보여 준 적이 있다. 냉정한 분석력과 경영 능력을 갖추고 귀국 후 「TOKYO MIX CURRY」 사업을 시작했다.

스테디셀러 카레 레시피를 개발, 양산할 수 있는 체제를 구축하기 위해 노력 중이다. 레시피를 분해, 재구성하며 다양한 조리도구를 남김없이 조사해, 언제나 안정된 맛을 만들어 내는 구조를 얻었다. 이 책의 촬영에서는, 볶음 양파의 무게(g)를 정확하게 맞추는 신기를 선보였다. 무한한 잠재력의 소유자다. (미즈노 진스케)

Part
3

향신료 카레

향신료로 제대로 만든 카레의

자극적이며 입맛을 돋우는 향은

어떤 요리와도 비교가 안 되는 특별함이 있다.

정통 카레인 치킨카레뿐 아니라

일식 재료 등과 조합하는 묘미도 맛보자.

치킨 향신료 카레

향신료 카레

재료(2인분)

오일 ⋯ 2큰술
●홀 향신료
　커민시드 ⋯ 1작은술
　홍고추 ⋯ 1개
마늘(다진) ⋯ 1쪽
생강(다진) ⋯ 1쪽
양파(큰 것, 슬라이스한) ⋯ 1/2개
●파우더 향신료
　터메릭 ⋯ 1작은술
　파프리카파우더 ⋯ 1/2작은술
　커민파우더 ⋯ 2작은술
　코리앤더파우더 ⋯ 2작은술

소금 ⋯ 1작은술(조금 많게)
플레인요구르트 ⋯ 100g
닭다리살(한입크기로 썬) ⋯ 400g
물 ⋯ 200㎖
코코넛밀크 ⋯ 100㎖
고수(다진) ⋯ 적당량

만드는 방법

1　냄비에 오일을 둘러 중불로 가열하고, 홀 향
　　신료를 넣어 향이 날 때까지 볶는다.

2　마늘과 생강을 넣고 살짝 볶는다.

　　POINT
　　마늘이 타지 않도록 주의!

3 양파를 넣고 after 사진처럼 여우색이 될
때까지 볶는다.

before

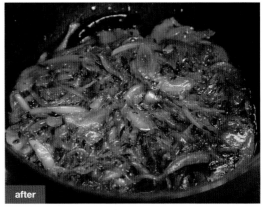

after

4 파우더 향신료와 소금을 넣고 볶는다.

5 플레인요구르트를 넣어 섞은 후 가볍게 한소
끔 끓인다.

6 닭다리살을 넣고, 표면 전체에 색이 들 때까지 중불로 볶는다.

7 물을 부어 한소끔 끓인 후, 뚜껑을 덮지 않은 채 10분 정도 약불로 졸인다.

8 코코넛밀크와 고수를 넣고 살짝 끓인다.

| technique |

색을 컨트롤하는 디자인 카레

색을 먼저 고려해서 카레를 만들어도 흥미롭다. 예를 들어 양파의 볶음 정도나, 요구르트 등 흰색 식재료를 사용할지의 여부, 홀 향신료는 색이 잘 나지 않지만 파우더 향신료는 색이 잘 나는 점 등. 같은 재료라도 색, 식감, 맛이 많이 달라지므로 카레 만들기에 익숙해졌다면 응용해보자.

돼지고기 향신료 카레

재료(2인분)

양파(웨지모양으로 썬) … 1/2개	●파우더 향신료
뜨거운 물 … 120㎖	터메릭 … 조금
오일 … 3큰술	파프리카파우더 … 조금
●홀 향신료	커민파우더 … 1작은술(조금 많게)
카다몬 … 2개	코리앤더파우더 …1작은술(조금 많게)
정향 … 3개	소금 … 1작은술
시나몬스틱 … 1/3개	레드와인 … 100㎖
마늘(다진) … 1쪽	물 … 150㎖
돼지고기(삼겹살, 작게 한입크기로 썬) …	꿀 … 1큰술
200g	흑초 … 1큰술
	후추 … 1작은술

만드는 방법

1 냄비에 양파와 뜨거운 물을 붓고, 뚜껑을 덮어 센불로 4~5분 끓인다.
2 뚜껑을 열어 중불로 수분을 날린 후 오일, 홀 향신료, 마늘을 넣어 양파가 족제비색
 (P.17)이 될 때까지 볶는다.
3 돼지고기를 넣고 표면 전체에 색이 들 때까지 볶는다.
4 파우더 향신료와 소금을 넣고 볶는다.
5 레드와인을 붓고 센불로 보글보글 끓인다. 물을 붓고 다시 한소끔 끓인 후, 뚜껑을
 덮어 약불로 30분 정도 졸인다.
6 뚜껑을 열고 꿀, 흑초, 후추를 넣어 섞은 후 살짝 끓인다.

향신료 키마카레

재료(2인분)

오일 … 2큰술	소금 … 1작은술(조금 많게)
양파(다진) … 1/2개	다진 닭다리살 … 200g
마늘(간) … 1쪽	물 … 150㎖
생강(간) … 1쪽	완두콩(통조림, 물기 제거) … 100g
토마토 퓌레 … 1큰술	고수(다진) … 적당량
●파우더 향신료	
터메릭 … 1/4작은술	
칠리페퍼 … 1/4작은술	
커민 파우더 … 2작은술	

만드는 방법

1 냄비에 오일을 둘러 중불로 가열하고, 양파를 넣어 여우색이 될 때까지 볶는다.
2 마늘과 생강을 넣고 살짝 볶는다.
3 토마토 퓌레, 파우더 향신료, 소금을 넣고 볶는다.
4 다진 닭다리살을 넣고 완전히 익을 때까지 볶는다.
5 물을 부어 센불로 한소끔 끓이고 완두콩을 섞은 후, 뚜껑을 덮어 약불로 5분 정도
 끓인다.
6 뚜껑을 열고 고수를 섞는다.

향신료 카레

오크라 향신료 카레

재료(2인분)

오일 … 2큰술
● 홀 향신료
　홍고추(씨 제거) … 2개
　커민시드 … 1/2작은술
양파(슬라이스한) … 1개
마늘(간) … 1쪽
생강(간) … 1쪽
토마토(듬성듬성 썬) … 1/2개

● 파우더 향신료
　터메릭 … 1/4작은술
　코리앤더파우더 … 2작은술
　가람마살라 … 조금
소금 … 1/2작은술(조금 많게)
오크라(세로로 2등분한) … 20개
생크림 … 100㎖
고수(다진) … 적당량

만드는 방법

1　냄비에 오일과 홀 향신료를 넣고 중불로 가열하여, 홍고추가 노릇해질 때까지 볶는다.
2　양파를 넣고 여우색이 될 때까지 볶은 후, 마늘과 생강을 넣어 살짝 볶는다.
3　토마토, 파우더 향신료, 소금을 넣고 중불로 볶는다.
4　오크라를 넣어 섞고, 뚜껑을 덮어 5분 정도 끓인다.
5　뚜껑을 열어, 생크림과 고수를 섞고 살짝 끓인다.

향
신
료
카
레

채소 향신료 카레

재료(2인분)

양파(웨지모양으로 썬) … 1/2개
뜨거운 물 … 150㎖
오일 … 2큰술
당근(작게 한입크기로 썬) … 1개
감자(크게 한입크기로 썬) … 2개
토마토 퓌레 … 1큰술

● 파우더 향신료
　터메릭 … 1/4작은술
　칠리페퍼 … 1/4작은술
　커민파우더 … 2작은술
소금 … 1/2작은술(조금 많게)
물 … 150㎖
꼬투리강낭콩(3㎝ 폭으로 썬) … 20개
생강(채썬) … 1쪽

만드는 방법

1　냄비에 양파와 뜨거운 물을 넣고, 뚜껑을 덮어 센불로 4~5분 정도 끓인다.
2　뚜껑을 열어 수분을 날리고 오일, 당근, 감자를 넣은 후 중불로 볶는다.
3　토마토 퓌레, 파우더 향신료, 소금을 넣고 볶는다.
4　물을 부어 센불로 한소끔 끓인 후, 뚜껑을 덮고 약불로 10분 정도 졸인다. 뚜껑을 열고, 꼬투리강낭콩을 넣어 섞은 후 다시 뚜껑을 덮어 약불로 10분 정도 졸인다.
5　뚜껑을 열고, 생강을 넣은 후 중불로 졸여 수분을 날린다.

연어 향신료 카레

재료(2인분)

오일 ⋯ 3큰술
●홀 향신료
　커민시드 ⋯ 1/2작은술
　머스터드시드 ⋯ 1/2작은술
마늘(다진) ⋯ 1쪽
생강(듬성듬성 썬) ⋯ 1쪽
양파(슬라이스한) ⋯ 1개
토마토 퓌레 ⋯ 2큰술
●파우더 향신료
　터메릭 ⋯ 1/2작은술
　파프리카파우더 ⋯ 1/2작은술
　커민파우더 ⋯ 1작은술
　코리앤더파우더 ⋯ 1작은술
　가람마살라 ⋯ 1/2작은술
소금 ⋯ 1/2작은술(조금 많게)
물 ⋯ 100㎖
코코넛밀크 ⋯ 100㎖
연어(토막, 한입크기로 썬) ⋯ 400g
민트(다진) ⋯ 적당량

향신료 카레

만드는 방법

1 냄비에 오일을 둘러 중불로 가열하고, 홀 향신료를 넣어 볶는다.

2 마늘과 생강을 넣고, 중불로 살짝 볶은 후 양파를 넣어 족제비색(P.17)이 될 때까지 볶는다.

3 토마토 퓌레를 넣고 볶는다.

4 파우더 향신료와 소금을 넣고 볶는다.

5 물을 부어 한소끔 끓인 후 코코넛밀크를 넣고, 약불로 살짝 끓인다.

6 연어를 넣고 익을 때까지 끓인 후, 민트를 섞어 마무리한다.

| technique |

파우더 향신료만 섞으면 끝!
즉석 카레가루를 만들어 보자

시판 카레가루는 20~30여 가지의 향신료를 조합한 것이지만, 몇 가지 파우더 향신료를 섞으면 집에서도 손쉽게 만들 수 있다. 종류가 적은 만큼 각 향신료의 향을 제대로 느낄 수 있다.

기본 분량

· 터메릭 ⋯ 1/2작은술　　　　· 파프리카파우더 ⋯ 1/2작은술
· 커민파우더 ⋯ 1작은술　　　· 코리앤더파우더 ⋯ 1작은술
· 가람마살라 ⋯ 1/2작은술

 ▶

——— 담백한 흰살 생선를 스튜처럼 걸쭉하게 끓여 완성!

생선 향신료 카레

재료(2인분)

양파(다진) … 1/2개	소금 … 1/2작은술(조금 많게)
뜨거운 물 … 150㎖	물 … 150㎖
오일 … 2큰술	흰살 생선(토막, 한입크기로 썬)
홍고추 … 1개	… 200g
생강(채썬) … 1쪽	생크림 … 50㎖

●파우더 향신료
   터메릭 … 1/4작은술
   코리앤더파우더 … 2작은술

만드는 방법

1 냄비에 양파와 뜨거운 물을 넣고 센불로 한소끔 끓인 후, 뚜껑을 덮어 10분 정도 약불로 졸인다.
2 뚜껑을 열어 수분을 날린 후 오일, 홍고추, 생강을 넣고 중불로 여우색이 될 때까지 볶는다.
3 파우더 향신료와 소금을 넣어 볶는다.
4 물을 부어 센불로 한소끔 끓인 후 생선을 넣고, 뚜껑을 덮어 살짝 끓인다.
5 뚜껑을 열고, 생크림을 넣어 섞는다.

향신료 카레

——— 다양한 콩의 식감을 즐긴다! 콩은 취향에 맞는 종류를 넣어도 OK

믹스빈 향신료 카레

재료(2인분)

양파(웨지모양으로 썬) … 1/2개	소금 … 1작은술(조금 많게)
뜨거운 물 … 150㎖	요구르트 … 100g
오일 … 2큰술	믹스빈 … 200g
생강(다진) … 1쪽	생크림 … 100㎖
토마토 퓌레 … 1큰술	

●파우더 향신료
   터메릭 … 1/4작은술
   칠리페퍼 … 1/4작은술
   커민파우더 … 2작은술

만드는 방법

1 냄비에 양파와 뜨거운 물을 넣고, 센불로 한소끔 끓인 후 뚜껑을 덮어 10분 정도 중불로 졸인다.
2 뚜껑을 열고, 수분을 날린 후 오일과 생강을 넣어 여우색이 될 때까지 볶는다.
3 토마토 퓌레, 파우더 향신료, 소금을 넣고 볶는다.
4 요구르트를 넣어 섞은 후, 믹스빈을 넣고 다시 섞는다.
5 생크림을 넣고 섞어 마무리한다.

케랄라풍 송어 코코넛조림

재료(2인분)

오일 … 2큰술
홍고추 … 1개
양파(웨지모양으로 썬) … 1/2개
생강(다진) … 1쪽
●파우더 향신료
　터메릭 … 1/2작은술
　코리앤더파우더 … 2작은술
소금 … 1/2작은술
후추 … 1/2작은술
물 … 50㎖
코코넛밀크 … 150㎖

방울토마토(2등분한) … 5개
송어 … 2토막

만드는 방법

1 냄비에 오일과 홍고추를 넣고 중불로 볶는다.
2 양파와 생강을 넣고, 양파가 족제비색(P.17)이 될 때까지 볶는다.
3 파우더 향신료, 소금, 후추를 넣고 살짝 볶는다.
4 물과 코코넛밀크를 부어 센불로 한소끔 끓인 후, 토마토와 송어를 넣고 뚜껑을 덮어 10분 정도 약불로 졸인다.

갈릭 & 슈림프 카레

재료(2인분)

올리브오일 … 2큰술
마늘(굵게 다진) … 1쪽
깐 새우(큰 것) … 8~10마리
소금 … 1/2작은술
오레가노 … 조금
바질 … 조금
커민시드 … 1작은술
양파(다진) … 1/2개

케첩 … 2큰술
카레가루 … 1큰술
홀토마토 통조림 … 1/4캔
물 … 100㎖

만드는 방법

1 냄비에 올리브오일을 둘러 중불로 가열하고, 마늘을 넣어 약불로 향을 낸다. 깐 새우, 소금, 오레가노, 바질을 넣어 볶은 후 꺼내 둔다.
2 같은 냄비에 커민시드와 양파를 넣고, 양파가 여우색이 될 때까지 중불로 볶는다.
3 케첩, 카레가루, 소금 조금(분량 외)을 넣어 살짝 볶고 홀토마토 통조림을 넣은 후, 토마토를 으깨면서 한소끔 끓인다.
4 물을 부어 5분 정도 센불로 끓인 후, 1 을 넣고 한소끔 끓인다.

향신료 카레

새우 & 오징어 향신료크림 조림

재료(2인분)

오일 … 2큰술	해산물 믹스(새우+오징어)
커민시드 … 1/2작은술	… 200g
양파(직사각형으로 썬) … 1/2개	**A** 소금 … 1/2작은술
마늘(다진) … 1쪽	밀가루 … 1큰술
생강(다진) … 1쪽	배추(슬라이스한) … 1/8개
●파우더 향신료	우유 … 300㎖
코리앤더파우더 … 1큰술	
카다몬파우더 … 1작은술	
메이스파우더 … 1/2작은술	

만드는 방법

1 냄비에 오일을 둘러 중불로 가열하고, 커민시드를 넣어 향이 날 때까지 볶는다.

2 양파를 넣어 족제비색(P.17)이 될 때까지 볶은 후 마늘과 생강을 넣고 섞는다.

3 파우더 향신료와 **A**를 넣고 살짝 볶는다.

4 배추와 우유를 넣고, 센불로 한소끔 끓인 후 10분 정도 약불로 졸인다.

부야베스풍 정어리 카레

재료(2인분)

정어리(작은 것) … 4마리	홀토마토 통조림 … 1/4캔
소금, 후추 … 조금씩	카레가루 … 1큰술
화이트와인 … 1큰술	소금 … 1/2작은술
오일 … 2큰술	물 … 200㎖
커민시드 … 1/2작은술	감자(한입크기로 썬) … 4개
양파(직사각형으로 썬) … 1/2개	월계수잎 … 1장
마늘(다진) … 1쪽	바지락살 … 6개
생강(다진) … 1쪽	

만드는 방법

1 정어리는 머리, 비늘, 내장을 제거해 깨끗이 씻은 후 소금, 후추, 화이트와인을 뿌린다.

2 냄비에 오일을 둘러 중불로 가열하고, 커민시드를 넣어 향이 날 때까지 볶는다.

3 양파를 넣고 여우색이 될 때까지 볶은 후, 마늘과 생강을 넣어 섞는다.

4 홀토마토 통조림, 카레가루, 소금을 넣고 살짝 볶은 후 물을 부어 5~6분 끓인다.

5 정어리와 나머지 재료를 모두 넣고, 뚜껑을 덮어 감자가 부드러워질 때까지 약불로 끓인다.

미트볼조림 카레

재료(2인분)

A	다짐육 … 250g
	소금 … 1/2작은술
	전분가루 … 2작은술
	케첩 … 1큰술
	커민파우더 … 1/2작은술
오일 … 2큰술
커민시드 … 1/2작은술
양파(다진) … 1개
마늘(간) … 1쪽
생강(간) … 1쪽

홀토마토 통조림 … 1/2캔
●파우더 향신료
   코리앤더파우더 … 1큰술
   칠리페퍼 … 1작은술
   터메릭 … 1/2작은술
소금 … 1/2작은술
물 … 200㎖

만드는 방법

1 볼에 **A**의 재료를 모두 섞은 후 한입크기로 둥글게 빚는다.
2 냄비에 오일을 둘러 중불로 가열하고, 커민시드를 넣어 향이 날 때까지 볶는다.
3 양파를 넣고 여우색이 될 때까지 볶은 후 마늘과 생강을 넣고 섞는다.
4 홀토마토 통조림, 파우더 향신료, 소금을 넣고 토마토를 으깨면서 살짝 볶는다.
5 물을 부어 센불로 한소끔 끓인 후 1을 넣고 뚜껑을 덮어, 익을 때까지 10분 정도 약불로 졸인다.

카슐레풍 소시지 카레

재료(2인분)

오일 … 2큰술
바이스부르스트 … 4개
마늘(다진) … 2쪽
양파(직사각형으로 썬) … 1/2개
●파우더 향신료
   코리앤더파우더 … 2작은술
   커민파우더 … 1작은술
   파프리카파우더 … 2작은술
   후추 … 1/2작은술

소금 … 1/2작은술
홀토마토 통조림 … 1/2캔
흰 강낭콩(통조림) … 100g

만드는 방법

1 냄비에 오일을 둘러 중불로 가열하고, 바이스부르스트를 넣어 구운 색이 살짝 들 때까지 구운 후 꺼내 둔다.
2 빈 냄비에 마늘을 넣고, 향이 나면 양파를 넣어 여우색이 될 때까지 볶는다.
3 파우더 향신료와 소금을 넣어 살짝 볶고, 홀토마토 통조림을 넣은 후 토마토를 으깨면서 한소끔 끓인다.
4 흰 강낭콩과 바이스부르스트를 넣고 8~10분 약불로 졸인다.

향신료 카레

돼지고기등심 향신료 토마토조림

재료(2인분)

●토마토소스
마늘 … 1쪽
오일 … 2큰술
홀토마토 통조림 … 1/2캔
레몬즙 … 2큰술
소금 … 1/2작은술
설탕 … 2작은술
커민파우더 … 1작은술
코리앤더파우더 … 1작은술
파프리카파우더 … 1작은술
칠리페퍼 … 1/2작은술

오레가노 … 1/2작은술
물 … 50㎖~
돼지고기(등심, 돈가스용) … 2장
소금, 후추 … 조금씩
오일 … 1큰술
양파(큰 직사각형으로 썬) … 150g

만드는 방법

1 토마토소스 재료를 모두 믹서로 갈아 페이스트 상태를 만든다. 돼지고기에 소금, 후추를 뿌린다.
2 냄비에 오일을 둘러 중불로 가열하고 돼지고기를 넣는다. 한쪽 면에 구운 색이 들면 뒤집은 후, 양파를 넣고 볶으면서 다른 한쪽 면도 굽는다.
3 1을 넣어 센불로 한소끔 끓인 후 10분 정도 약불로 졸인다.

타코 미트 카레

재료(2인분)

다짐육 … 300g
물 … 100㎖
오일 … 2큰술
●홀 향신료
커민시드 … 1/2작은술
홍고추 … 1개
양파(다진) … 1/2개
마늘(간) … 1쪽
생강(간) … 1쪽
케첩 … 3큰술

●파우더 향신료
코리앤더파우더 … 1큰술
파프리카파우더 … 1작은술
너트맥파우더 … 1/4작은술
소금 … 1작은술
홀토마토 통조림 … 1/4캔
할라페뇨 소스 … 1큰술
●토핑
양파, 토마토, 파슬리(다진) … 적당량

만드는 방법

1 냄비에 다짐육과 물을 넣고, 약불로 수분이 없어질 때까지 졸인 후 꺼내 둔다.
2 같은 냄비에 오일을 둘러 중불로 가열하고, 홀 향신료를 볶다가 양파를 넣어 여우색이 될 때까지 볶는다. 마늘과 생강을 넣고 섞는다.
3 케첩, 파우더 향신료, 소금을 넣고 살짝 볶는다.
4 1과 홀토마토 통조림을 넣고, 토마토를 으깨면서 약불로 졸인 후 불을 끄고 할라페뇨 소스를 섞는다. 그릇에 담고 토핑을 올린다.

향미채소 냉카레

재료(2인분)

A	토마토 … 1개	올리브오일 … 4큰술
	양파 … 1/8개	커민시드 … 1/2작은술
	셀러리 … 50g	펜넬시드 … 1/2작은술
	파프리카 … 1/2개	커리잎 … 3~5장
	와인비네거 … 2작은술	마늘(굵게 다진) … 1쪽
	레몬즙 … 1큰술	●토핑
	소금 … 1작은술	셀러리, 토마토, 파슬리(굵게 다진)
	빵가루 … 25g	… 적당량
	물 … 50mℓ~	올리브오일 … 적당량

만드는 방법

1 **A**를 모두 믹서로 갈아 페이스트 상태로 만들어 둔다.
2 냄비에 올리브오일, 커민시드, 펜넬시드를 넣고 중불로 가열하어 향을 낸다.
3 커리잎과 마늘을 넣고 불을 끈 후, 남은 열로 익힌다.
4 1에 3을 넣고, 믹서로 다시 갈아 페이스트 상태로 만든 후 냉장고에 넣어 식힌다.
　그릇에 담고 토핑을 올린다.

튀르키예식 무사카 카레

재료(2인분)

오일 … 2큰술	●파우더 향신료
●홀 향신료	코리앤더파우더 … 1큰술
펜넬시드 … 1/2작은술	파프리카파우더 … 1작은술
홍고추 … 1개	후추 … 1/2작은술
가지(세로로 슬라이스한) … 2개	오레가노 … 1/2작은술
양파(다진) … 1/2개	토마토 페이스트 … 3큰술
마늘(다진) … 1쪽	소금 … 1작은술
생강(다진) … 1쪽	다진 소고기 … 150g
	토마토(슬라이스한) … 1/2개
	로즈메리 … 적당량(취향에 맞게)

만드는 방법

1 냄비에 오일을 둘러 중불로 가열하고, 홀 향신료를 넣어 향이 날 때까지 볶는다. 다른 냄비에 오일(분량 외)을 중불로 가열하고, 가지를 넣어 양쪽 면에 구운 색이 들 때까지 구운 후 꺼내 둔다.
2 양파를 넣고 중불로 여우색이 될 때까지 볶은 후 마늘과 생강을 넣어 섞는다.
3 파우더 향신료, 토마토 페이스트, 소금을 넣어 살짝 볶은 후 다진 소고기를 넣고 잘 어우러지게 볶는다.
4 내열용기에 3, 토마토, 1의 가지 순서로 층층이 담고, 200℃로 예열한 오븐에 5분 굽는다. 취향에 따라 로즈메리를 뿌린다.

향신료 카레

향신료 자투리 채소 조림

향
신
료
카
레

재료(2인분)

오일 … 3큰술	●파우더 향신료
●홀 향신료	커민파우더 … 2작은술
홍고추 … 1개	파프리카파우더 … 2작은술
커민시드 … 1/2작은술	홀토마토 통조림 … 1/2캔
머스터드시드 … 1작은술	소금 … 1작은술
양파(다진) … 1/2개	자투리 채소
마늘(간) … 1쪽	(가로세로 7mm로 깍둑썰기한)
생강(간) … 1쪽	… 150g
	월계수잎 … 1장

만드는 방법

1 냄비에 오일을 둘러 중불로 가열하고, 홀 향신료를 볶아 향을 낸다.
2 양파를 넣어 투명해질 때까지 볶은 후, 마늘과 생강을 넣고 섞는다.
3 파우더 향신료, 홀토마토 통조림, 소금을 넣고 토마토를 으깨면서 살짝 볶는다.
4 자투리 채소와 월계수잎을 넣고 센불로 한소끔 끓인 후, 뚜껑을 덮어 10분 정도 약불로 졸인다.

콘크림 향신료 카레

재료(2인분)

오일 … 1큰술	●파우더 향신료
버터 … 20g	코리앤더파우더 … 1큰술
커민시드 … 1/2작은술	카다몬파우더 … 1작은술
양파(다진) … 1/2개	터메릭 … 1/2작은술
마늘(다진) … 1쪽	옥수수크림 통조림 … 200g
생강(다진) … 1쪽	물 … 80㎖
홀옥수수 통조림 … 100g	
다진 닭고기(가슴살) … 100g	
소금 … 1/2작은술	

만드는 방법

1 냄비에 오일과 버터를 중불로 가열하고, 커민시드를 넣어 향이 날 때까지 볶는다.
2 양파를 넣어 여우색이 될 때까지 중불로 볶은 후, 마늘과 생강을 넣고 섞는다.
3 옥수수, 다진 닭고기, 소금, 파우더 향신료를 넣고 중불로 닭고기를 익힌다.
4 옥수수크림을 넣은 후, 물을 조금씩 부어 농도를 조절하면서 10분 정도 약불로 끓인다.

양파를 듬뿍 넣은 수프카레

재료(2인분)

A | 물 ··· 180㎖
우유 ··· 150㎖
빵가루 ··· 1큰술
무염버터 ··· 20g
양파(가로세로 1㎝로 깍둑썰기한) ··· 1개
감자(가로세로 1㎝로 깍둑썰기한) ··· 1/2개
카레가루 ··· 1큰술
소금 ··· 1작은술
파슬리(다진) ··· 조금

만드는 방법

1 A의 재료를 믹서로 갈아 페이스트 상태를 만든다.
2 냄비에 버터를 넣어 중불로 가열하고, 양파와 감자를 넣은 후 투명해질 때까지 볶는다.
3 카레가루와 소금을 넣고 살짝 볶는다.
4 1을 넣고 한소끔 끓인 후 10분 정도 약불로 졸인다.
5 감자가 부드러워지면 믹서로 갈아 페이스트 상태를 만든다. 그릇에 담고 파슬리를 뿌린다.

카레 리소토

재료(2인분)

오일 ··· 2큰술
버터 ··· 20g
커민시드 ··· 1/2작은술
양파(다진) ··· 1/2개
마늘(간) ··· 1쪽
생강(간) ··· 1쪽

A | 카레가루 ··· 1큰술
찬밥 ··· 300g
화이트와인 ··· 2큰술
소금 ··· 1작은술

물 ··· 300㎖
우유 ··· 50㎖
파르메산치즈 ··· 2큰술

만드는 방법

1 냄비에 오일과 버터를 둘러 중불로 가열하고, 커민시드를 넣어 향이 날 때까지 볶는다.
2 양파를 넣어 투명해질 때까지 볶은 후, 마늘과 생강을 넣고 섞는다.
3 A를 넣고, 밥을 으깨면서 살짝 볶는다.
4 물을 붓고 수분이 거의 없어질 때까지 약불로 졸인 후, 우유와 파르메산치즈를 넣어 한소끔 끓인다.

흰 강낭콩 토마토스튜 카레

재료(2인분)

무염버터 … 30g
양파(직사각형으로 썬) … 1/2개
베이컨(1㎝ 폭으로 썬) … 2장
토마토 페이스트 … 2큰술
카레가루 … 1큰술
코코넛밀크 … 150㎖
물 … 200㎖
소금 … 1/2작은술
흰 강낭콩(통조림) … 120g

만드는 방법

1 냄비에 버터를 넣어 중불로 가열하고, 양파와 베이컨을 넣은 후 양파가 족제비색(P.17)이 될 때까지 볶는다.
2 토마토 페이스트와 카레가루를 넣고 살짝 볶는다.
3 코코넛밀크, 물, 소금을 넣고 센불로 한소끔 끓인다.
4 흰 강낭콩을 넣고 5분 정도 약불로 끓인다.

향신료 카레

토마토크림 카레

재료(2인분)

오일 … 2큰술
●홀 향신료
　정향 홀 … 2개
　팔각 … 1/4개
　홍고추 … 1개
양파(다진) … 1/2개
마늘(간) … 1쪽
생강(간) … 1쪽
닭다리살(한입크기로 썬)
… 250g

카레가루 … 1큰술
소금 … 1/2작은술
홀토마토 통조림 … 1/2캔
물 … 150㎖
생크림 … 50㎖

만드는 방법

1 냄비에 오일을 둘러 중불로 가열하고, 홀 향신료를 넣어 향이 날때까지 볶는다.
2 양파를 넣어 여우색이 될 때까지 볶은 후, 마늘과 생강을 넣고 섞는다.
3 닭다리살, 카레가루, 소금을 넣어 살짝 볶은 후 홀토마토 통조림을 넣고 센불로 한소끔 끓인다.
4 물을 붓고 끓으면 10분 정도 약불로 졸인다. 생크림을 넣고 한소끔 끓인다.

돼지고기 하야시카레

재료(2인분)

A	돼지고기(잘게 썬) ··· 200g
	카레가루 ··· 1큰술
	요구르트 ··· 3큰술

무염버터 ··· 10g
오일 ··· 1큰술
양파(직사각형으로 썬) ··· 1개
케첩 ··· 60g
레드와인 ··· 100㎖
물 ··· 100㎖

만드는 방법

1 지퍼백에 **A**를 넣어 섞은 후, 냉장고에 1시간~하룻밤 정도 마리네이드한다.
2 냄비에 버터와 오일을 둘러 중불로 가열하고, 양파를 넣어 족제비색(P.17)이 될 때까지 볶는다.
3 1을 넣어 볶다가 돼지고기가 익으면, 나머지 재료를 넣은 후 10분 정도 약불로 졸인다.

아도보 카레

※레몬은 껍질째 써야 하므로 방부제를 사용하지 않은, 논왁스 제품을 사용한다.

재료(2인분)

돼지고기(등심) ··· 2장　　　　오일 ··· 1큰술
●마리네이드액　　　　　　　　물 ··· 100㎖
　양파 ··· 1/4개　　　　　　　코코넛밀크 ··· 100㎖
　마늘 ··· 1쪽
　생강 ··· 1쪽
　풋고추 ··· 1개
　레몬(껍질째) ··· 1/2개
　고수 ··· 40g
　꿀 ··· 1큰술
　카레가루 ··· 1큰술
　소금 ··· 1작은술
　올리브오일 ··· 3큰술

만드는 방법

1 마리네이드액 재료를 블렌더로 간 후, 지퍼백에 돼지고기와 함께 담아 30분 정도 마리네이드한다.
2 냄비에 오일을 둘러 중불로 가열한 후, 마리네이드액을 씻어낸 돼지고기를 넣고 굽는다.
3 양쪽 면이 충분히 구워지면 남은 마리네이드액, 물, 코코넛밀크를 넣는다.
4 센불로 한소끔 끓인 후, 뚜껑을 덮어 8~10분 약불로 졸인다.

향신료 카레

넛츠밀크 치킨카레

재료(2인분)

오일 … 2큰술
카다몬 홀 … 3개
양파(굵게 다진) … 1개
마늘(간) … 1쪽
생강(간) … 1쪽
요구르트 … 50g
●파우더 향신료
　코리앤더파우더 … 1큰술
　커민파우더 … 1작은술

터메릭 … 1/2작은술
소금 … 1/2작은술
닭다리살(크게 한입크기로 썬)
… 250g
아몬드밀크 … 200㎖
무염버터…적당량(취향에 맞게)

만드는 방법

1　냄비에 오일을 둘러 중불로 가열하고, 카다몬을 넣어 통통하게 부풀 때까지 볶는다.
2　양파를 넣고, 여우색이 될 때까지 볶은 후 마늘과 생강을 넣어 섞는다.
3　요구르트, 파우더 향신료, 소금을 넣고 걸쭉해질 때까지 볶는다.
4　닭다리살을 넣어 하얗게 변할 때까지 구운 후, 아몬드밀크를 넣고 10분 정도 약불로 졸인다. 취향에 따라 무염버터를 올린다.

치킨 프리카세 카레

재료(2인분)

무염버터 … 15g
오일 … 1큰술
마늘(다진) … 1쪽
양파(직사각형으로 썬) … 1개
소금 … 1/2작은술
카레가루 … 1큰술
닭고기 … 200g
양송이버섯 … 4개
화이트와인 … 50㎖

우유 … 100㎖
생크림 … 50㎖
레몬(슬라이스한)
… 여러 장(있는 경우)

만드는 방법

1　냄비에 버터와 오일을 둘러 중불로 가열하고, 마늘을 넣어 향이 나면 양파와 소금을 넣은 후 족제비색(P.17)이 될 때까지 볶는다.
2　카레가루, 닭고기, 양송이버섯을 넣고, 닭고기 표면에 색이 들 때까지 볶는다.
3　화이트와인을 넣고, 알코올을 날리면서 5분 정도 약불로 졸인다.
4　우유와 생크림을 넣고 걸쭉해질 때까지 5~8분 약불로 졸인다. 그릇에 담고 레몬을 곁들인다.

향신료 카레

소이 키마카레

재료(2인분)

오일 … 1큰술
커민시드 … 1/2작은술
양파(다진) … 1/2개
마늘(다진) … 1쪽
생강(다진) … 1쪽
홀토마토 통조림 … 1/8캔

● 파우더 향신료
   코리앤더파우더 … 2작은술
   파프리카파우더 … 1작은술
   커민파우더 … 1작은술
   카다몬파우더 … 1작은술
   칠리페퍼 … 1작은술
소금 … 1작은술
설탕 … 1작은술
콩(통조림) … 200g
물 … 100㎖

만드는 방법

1 냄비에 오일을 둘러 중불로 가열하고, 커민시드를 넣어 향이 날 때까지 볶는다.
2 양파를 넣어 여우색이 될 때까지 볶은 후 마늘과 생강을 넣고 섞는다.
3 홀토마토 통조림, 파우더 향신료, 소금, 설탕을 넣고 살짝 볶는다.
4 콩과 물을 믹서로 갈아 페이스트 상태로 만든 후, 냄비에 넣어 센불로 한소끔 끓이고 10분 정도 약불로 졸인다.

레몬 치킨카레

※레몬은 껍질째 써야 하므로 방부제를 사용하지 않은,
논왁스 제품을 사용한다.

재료(2인분)

생크림 … 75㎖
레몬(슬라이스한, 토핑용으로 몇 장 남겨둔)
… 6~7장
오일 … 2큰술
● 홀 향신료
   카다몬 홀 … 2개
   펜넬시드 … 1/2작은술
   코리앤더시드 … 1/2작은술
양파(직사각형으로 썬) … 1/2개
마늘(다진) … 1쪽

생강(다진) … 1쪽
● 파우더 향신료
   터메릭 … 1/2작은술
   카다몬파우더 … 1/2작은술
   코리앤더파우더 … 2작은술
소금 … 1작은술
닭다리살(한입크기로 썬) … 250g
물 … 150㎖

만드는 방법

1 생크림과 레몬을 블렌더로 갈아 레몬소스를 만든다.
2 냄비에 오일을 둘러 중불로 가열하고, 홀 향신료을 넣어 향이 날 때까지 볶는다.
3 양파를 넣어 족제비색(P.17)이 될 때까지 볶은 후, 마늘과 생강을 넣고 섞는다.
4 파우더 향신료와 소금을 넣고 살짝 볶은 후, 닭다리살을 넣어 구운 색이 들 때까지 잘 어우러지게 볶는다.
5 물을 부어 10분 정도 약불로 졸인 후, 1의 레몬소스를 넣고 한소끔 끓인다. 그릇에 담고 토핑용 레몬을 곁들인다.

향신료
카레

스모크넛 치킨카레

재료(2인분)
_____

닭다리살(한입크기로 썬) ⋯ 250g
소금 ⋯ 1/2작은술
오일 ⋯ 1큰술
버터 ⋯ 20g
마늘(다진) ⋯ 1쪽
스모크넛(부순) ⋯ 30g
카레가루 ⋯ 1+1/2큰술
소금 ⋯ 1/2작은술
물 ⋯ 100㎖
생크림 ⋯ 200㎖

만드는 방법
_____

1 볼에 닭다리살을 넣고, 소금과 오일을 넣어 주무른다.
2 냄비에 닭다리살의 껍질쪽이 아래를 향하도록 넣어 중불에 올리고, 전체에 구운 색이 들면 버터와 마늘을 넣어 마늘에 살짝 색이 들 때까지 볶는다.
3 스모크넛, 카레가루, 소금을 넣고 섞는다.
4 물을 붓고, 냄비 바닥을 긁으며 섞은 후 생크림을 넣어 10분 정도 약불로 졸인다.

닭고기 & 버섯 간단 크림카레

재료(2인분)
_____

　　소금 ⋯ 1/2작은술　　　　　　　생강(간) ⋯ 1쪽
　　후추 ⋯ 1/2작은술　　　　　　　양송이버섯(슬라이스한) ⋯ 5개
　　삼온당 ⋯ 1작은술　　　　　　　닭다리살(한입크기로 썬) ⋯ 200g
A　카레가루 ⋯ 1큰술
　　생크림 ⋯ 50㎖
　　우유 ⋯ 150㎖
　　밀가루 ⋯ 1큰술
버터 ⋯ 20g
양파(직사각형으로 썬) ⋯ 1/2개
마늘(간) ⋯ 1쪽

만드는 방법
_____

1 **A**를 블렌더로 갈아 둔다.
2 냄비에 버터를 넣어 중불로 가열하고, 양파를 넣어 족제비색(P.17)이 될 때까지 볶는다.
3 마늘과 생강을 넣어 중불로 살짝 볶은 후, 양송이버섯과 닭다리살을 넣고 익힌다.
4 1을 넣고 센불로 한소끔 끓인 후, 걸쭉해질 때까지 약불로 졸인다.

그레이비 포크 카레

재료(2인분)

돼지고기(스튜용) … 250g	레드와인 … 100㎖
소금, 후추 … 조금씩	**A** 간장 … 1+1/2작은술
밀가루 … 1/2큰술	케첩 … 1큰술
버터 … 20g	소금 … 1/2작은술
오일 … 1큰술	물 … 150㎖
카레가루 … 1큰술	

만드는 방법

1 볼에 돼지고기, 소금, 후추, 밀가루를 넣고 잘 어우러지게 섞은 후 30분 정도 그대로 둔다.
2 냄비에 버터와 오일을 중불로 가열하고, 돼지고기 표면에 구운 색이 들 때까지 굽는다.
3 카레가루를 넣어 살짝 볶은 후, **A**를 넣고 와인의 알코올을 날린다.
4 물을 부어 한소끔 끓인 후, 걸쭉해질 때까지 5~8분 약불로 졸인다.

포르치니 & 비프 와인카레

재료(2인분)

건조 포르치니 … 5g	소고기(자투리) … 200g
미지근한 물 … 50㎖	레드와인 … 150㎖
오일 … 2큰술	물 … 50㎖
양파(직사각형으로 썬) … 1/2개	간장 … 1작은술
마늘(간) … 1쪽	
생강(간) … 1쪽	
A 홀토마토 통조림 … 1/8캔	
케첩 … 1큰술	
카레가루 … 1큰술	
소금 … 1작은술	

만드는 방법

1 볼에 포르치니와 미지근한 물을 담고 10분 정도 불린 후, 불린 물과 분리해 둔다.
2 냄비에 오일을 둘러 중불로 가열하고, 양파를 넣어 너구리색(P.17)이 될 때까지 볶은 후 마늘과 생강을 넣어 섞는다.
3 **A**를 넣고 토마토를 으깨면서 살짝 졸인다.
4 포르치니와 소고기를 넣고 약불로 살짝 끓인다.
5 포르치니를 불린 물, 레드와인, 물, 간장을 넣고 10~15분 끓인다.

향신료 카레

137 ———— 참깨의 진한 풍미가 돼지고기와 잘 어울리는

참기름 & 후추 & 돼지고기 카레

재료(2인분)

오일 … 2큰술
● 홀 향신료
　커민시드 … 1/2작은술
　홍고추 … 1개
　핑크페퍼 … 1작은술
양파(다진) … 1/2개
마늘(간) … 1쪽
생강(간) … 1쪽

● 파우더 향신료
　코리앤더파우더 … 2작은술
　터메릭 … 1/2작은술
간 참깨 … 3작은술
소금 … 1작은술
돼지고기(잘게 썬) … 200g
물 … 200㎖

만드는 방법

1　냄비에 오일을 둘러 중불로 가열하고, 홀 향신료를 넣어 향이 날 때까지 볶는다.
2　양파를 넣어 여우색이 될 때까지 볶은 후, 마늘과 생강을 넣고 섞는다.
3　파우더 향신료, 간 참깨, 소금을 넣고 살짝 볶는다.
4　돼지고기와 물을 넣어 센불로 한소끔 끓인 후, 약불로 줄이고 10분 정도 졸인다.

향신료 카레

138 ———— 부드러운 호두우유의 감촉이 중독적인

호두 & 돼지고기 카레

재료(2인분)

A｜물 … 180㎖
　구운 호두 … 50g
오일 … 2큰술
양파(다진) … 1/2개
마늘(다진) … 1쪽
생강(다진) … 1쪽
토마토(듬성듬성 썬) … 1개

● 파우더 향신료
　커민파우더 … 1작은술
　코리앤더파우더 … 1작은술
　터메릭 … 1/4작은술
　정향파우더 … 1/4작은술
소금 … 1작은술
돼지고기(삼겹살, 얇게 썬)
　… 200g

만드는 방법

1　A의 재료를 블렌더로 갈아 호두우유를 만든다.
2　냄비에 오일을 둘러 중불로 가열하고, 양파를 넣어 여우색이 될 때까지 볶은 후 마늘과 생강을 넣고 섞는다.
3　토마토, 파우더 향신료, 소금을 넣고 살짝 볶는다.
4　돼지고기와 1의 호두우유를 넣어 센불로 한소끔 끓인 후, 약불로 줄이고 10분 정도 졸인다.

닭고기 & 연근 다시마 다시 카레

재료(2인분)

오일 … 2큰술
커민시드 … 1/2작은술
양파(직사각형으로 썬) … 100g
카레가루 … 1+1/2큰술
소금 … 1작은술
닭다리살(토막썰기한) … 150g
연근(마구썰기한) … 100g ~
밀가루 … 1큰술

A │ 물 … 200㎖
  │ 다시마차 … 2작은술
  │ 간장 … 2작은술
  │ 맛술 … 2작은술

만드는 방법

1 냄비에 오일을 둘러 중불로 가열한 후 커민시드와 양파를 넣고, 향신료의 향이 나며 양파가 투명해질 때까지 볶는다.
2 카레가루와 소금을 넣고 살짝 볶은 후, 닭다리살과 연근을 넣어 구운 색을 낸다.
3 밀가루를 넣고 가루 느낌이 없어질 때까지 볶는다.
4 **A**를 넣고 한소끔 끓인 후, 10분 정도 약불로 졸인다.

풋콩 & 햇생강 치킨카레

재료(2인분)

오일 … 2큰술
마늘(다진) … 1쪽
생강(다진) … 1쪽
양파(작은 것, 직사각형으로 썬) … 1개(120g)
요구르트 … 50g
카레가루 … 1큰술
소금 … 1/2작은술
닭다리살(한입크기로 썬) … 200g
코코넛밀크 … 150g
깐 풋콩 … 50g
햇생강(채썬) … 30g

만드는 방법

1 냄비에 오일을 둘러 가열하고, 마늘과 생강을 넣어 살짝 색이 들 때까지 중불로 볶는다.
2 양파를 넣고 족제비색(P.17)이 될 때까지 볶는다.
3 요구르트, 카레가루, 소금, 닭다리살을 넣고 살짝 볶는다.
4 코코넛밀크를 넣고 10분 정도 약불로 끓인다.
5 풋콩과 생강을 넣고 한소끔 끓인다.

향신료 카레

소힘줄 미소조림 카레

재료(2인분)

소힘줄 … 150g
오일 … 1큰술
● 홀 향신료
   카다몬 홀 … 2개
   정향 홀 … 2개
   시나몬스틱 … 1개
양파 … 100g
마늘(다진) … 1쪽
생강(다진) … 1/2쪽
● 파우더 향신료
   코리앤더파우더 … 2작은술
   레드칠리파우더 … 1작은술
   터메릭 … 1작은술
   후추 … 1작은술
토마토 퓌레 … 2큰술
요구르트 … 2큰술

A	곤약(5mm 두께의 직사각형으로 썬) … 80g
	레드와인 … 2큰술
	물 … 100㎖
	소금 … 1/3작은술
	레몬즙 … 1/2작은술
	미소 … 2+1/2작은술
	설탕 … 1작은술

밑준비

소힘줄을 손질한다.

1 냄비에 생강(분량 외)과 대파(푸른 부분, 분량 외)가 있으면 넣고, 물(분량 외)을 부은 후 소힘줄을 넣어 센불로 끓인다. 끓으면 10분 정도 센불에서 거품을 걷어낸다.
2 약불~중불로 소힘줄이 부드러워질 때까지 거품을 걷어가며 1~2시간 끓인다. 필요하면 뜨거운 물(분량 외)을 더한다.
3 체에 올리고 물로 불순물을 씻어낸 후 한입크기로 자른다. 단단한 힘줄은 제거한다.

만드는 방법

1 냄비에 오일과 홀 향신료를 담고, 중불로 가열하여 향이 날 때까지 볶는다.
2 양파, 마늘, 생강을 넣고 여우색이 될 때까지 중불로 볶는다.
3 불을 끄고, 파우더 향신료를 넣어 섞은 후 토마토 퓌레와 요구르트를 더해 중불에서 수분을 날린다.
4 소힘줄과 **A**를 넣어 한소끔 끓이고, 약불로 줄인 후 15분 정도 졸인다.

소고기덮밥 카레

재료(2인분)

● 조미액
   물 … 60㎖
   간장 … 2큰술
   설탕 … 4작은술
   맛술 … 2작은술
   요리술 … 2+1/2작은술
   생강(간) … 1/2쪽
양파(5㎜ 정도로 슬라이스한) … 80g
소고기(얇은 양지머리, 1㎝ 폭으로 썬) … 160g
오일 … 1큰술
토마토 페이스트 … 1큰술
● 파우더 향신료
   터메릭 … 1/2작은술
   흰 후춧가루 … 1/2작은술
   레드칠리파우더 … 1/2작은술
   가람마살라 … 1/2작은술
   커민파우더 … 1+1/2작은술
   코리앤더파우더 … 1+1/2작은술
분홍생강절임(다진) … 15g(취향에 맞게)

만드는 방법

1 냄비에 조미액과 양파를 넣고 약불로 끓인다.
2 국물이 끓으면 소고기를 넣고 풀면서 10분 정도 중불로 끓인다.
3 다른 냄비에 오일을 두르고 토마토 페이스트를 중불로 볶는다. 고소한 향이 나면 불을 끄고, 파우더 향신료를 넣어 향이 날 때까지 중불로 볶는다.
4 2의 냄비에 3을 넣고 5분 정도 끓인다. 취향에 따라 분홍생강절임을 넣는다.

카레 양념 # 치킨 카레

향신료 카레

재료(2인분)

「카레 양념」… 120g ➡ 만드는 방법은 P.131~132 참고
오일 … 1큰술
닭다리살 … 120g
물 … 150㎖
고수(듬성듬성 썬) … 적당량(취향에 맞게)

만드는 방법

1 냄비에 오일을 둘러 중불로 가열한 후 닭다리살의 껍질쪽이 아래를 향하도록 올려, 겉이 바삭해지고 속이 익을 때까지 5~10분 굽는다. 뒤집어서 1분 정도 구운 후 꺼내고 한입크기로 썬다.

2 다른 냄비에 카레 양념과 물을 넣고 센불로 한소끔 끓인다. 닭다리살을 넣고 약불로 15분 정도 끓인다. 그릇에 담고, 취향에 따라 고수를 올린다.

| technique |

카레 양념 만드는 방법

향신료와 양파 등을 볶아 페이스트 상태로 만든 「카레 양념」. 시간이 날 때 한꺼번에 만들어 두면, 원하는 재료와 함께 끓이기만 해도 정통 카레맛을 즐길 수 있다. 1인분에 사용하는 기준은 60g 정도. 냉동도 가능하므로, 나눠서 보관해 두면 더욱 편리하다.

냉장 1주일,
냉동 1달 정도
보관 가능.

재료(만들기 쉬운 분량) *완성 상태 기준 120g

오일 … 1큰술
양파(중간 크기) … 1개
마늘(간) … 1쪽
생강(간) … 1/2쪽
소금 … 1/2작은술
토마토 페이스트…1+2/3작은술(토마토 퓌레일 경우 3+1/3작은술)
●파우더 향신료
　코리앤더파우더 … 1+1/2작은술
　터메릭 … 1/2작은술
　레드칠리파우더 … 1/2작은술
　카다몬파우더 … 1/2작은술
　파프리카파우더 … 1/2작은술
　커민파우더 … 1/2작은술
　펜넬파우더 … 1/2작은술
코코넛밀크 … 1/2큰술
레몬즙 … 1/2작은술
오렌지주스 … 1큰술
※ 파우더 향신료는 카레가루 1+1/2큰술로 대체 가능.

만드는 방법

1 프라이팬에 오일을 둘러 센불로 가열하고, 양파를 넣어 여우색이 될 때까지 중불로 볶는다.

2 눌어붙을 것 같은 경우, 물(분량 외)을 조금 더한다.

3 마늘, 생강, 소금을 넣어 섞는다.

4 토마토 페이스트를 넣고 수분이 없어질 때까지 충분히 볶는다.

5 불을 끄고, 파우더 향신료를 넣어 섞는다.

6 코코넛밀크, 레몬즙, 오렌지주스를 넣고 중불로 끓인다.

7 끓으면 불을 끄고 마무리한다.

[카레 양념] **간단 버터치킨카레**

재료(2인분)

「카레 양념」 ⋯ 120g ➡ 만드는 방법은 P.131~132 참고
오일 ⋯ 1작은술
닭다리살 ⋯ 150g
버터 ⋯ 1큰술
케첩 ⋯ 2작은술
생크림 ⋯ 100㎖
※산뜻하게 마무리하고 싶을 때는, 생크림 대신 같은 양의 우유나
　요구르트도 OK.

만드는 방법

1　냄비에 오일을 둘러 중불로 가열한 후 닭다리살의 껍질쪽이 아래
　 를 향하도록 올려, 겉이 바삭해지고 속이 익을 때까지 5~10분 굽
　 는다. 뒤집어서 1분 정도 구운 후 꺼내고 한입크기로 썬다.
2　다른 냄비에 닭다리살과 나머지 재료를 모두 넣고, 10분 정도 약불로
　 끓인다. 눌어붙지 않도록 중간중간 나무주걱으로 냄비 바닥을 긁어
　 준다.

[카레 양념] **병아리콩 & 다진 닭고기 키마카레**

재료(2인분)

「카레 양념」 ⋯ 120g ➡ 만드는 방법은 P.131~132 참고
터메릭파우더 ⋯ 1작은술
병아리콩(물에 불려 둔) ⋯ 30g(차나 달 추천)
다진 닭고기(가슴살) ⋯ 100g
사과식초 ⋯ 2작은술
요구르트 ⋯ 3큰술(조금 적게)
양배추(작게 듬성듬성 썬) ⋯ 60g

만드는 방법

1　양배추를 제외한 모든 재료를 냄비에 담고, 다진 닭고기를 나무주
　 걱으로 풀어주면서 15분 정도 중불로 끓인다.
2　양배추를 넣고 2분 정도 끓인다.

[카레 양념] **해산물 코코넛밀크 카레**

재료(2인분)

「카레 양념」 ··· 120g ➡ 만드는 방법은 P.131~132 참고
냉동 해산물믹스 ··· 150g
코코넛밀크 ··· 50㎖
물 ··· 80㎖
고수 또는 파(다진) ··· 적당량(취향에 맞게)

만드는 방법

1 냄비에 재료를 모두 넣고 센불로 끓인다.
2 끓으면 약불로 줄이고 15분 정도 졸인다. 취향에 따라 고수나 파를
　　뿌린다.

[카레 양념] **고등어 & 생강 카레**

재료(2인분)

「카레 양념」 ··· 120g ➡ 만드는 방법은 P.131~132 참고
고등어 통조림 ··· 1캔(150g)
레드칠리파우더 ··· 3/4작은술
가람마살라 ··· 1작은술
생강(아주 가늘게 채썬) ··· 2쪽
대파(어슷썰기한) ··· 40g
코코넛밀크 ··· 60g
물 ··· 40㎖

만드는 방법

1 냄비에 재료를 모두 넣고 중불에 올린 후, 나무주걱으로 고등어를
　　조심스럽게 잘게 만든다.
2 15분 정도 끓인다.

향신료 카레

[카레 양념] **삼겹살 비네거 카레**

재료(2인분)

「카레 양념」 ··· 120g ➡ 만드는 방법은 P.131~132 참고
돼지고기(삼겹살, 한입크기로 썬) ··· 200g
생강(다진) ··· 1쪽
대파(푸른 부분) ··· 1줄기 분량
사과식초 ··· 2작은술
간장 ··· 2작은술
일본술 ··· 2작은술
물 ··· 90㎖
설탕 ··· 1큰술

만드는 방법

1 냄비에 돼지고기, 생강, 파, 물(분량 외)을 넣고 중불에 올려, 거품을 걷어가며 1시간~1시간 반 삶는다. 돼지고기를 꺼내고 먹기 좋은 크기로 자른다.
2 냄비에 1과 나머지 재료를 모두 넣고 센불로 끓인다. 끓으면 15분 정도 중불로 졸인다.

[카레 양념] **돼지고기 & 두유 생강 키마카레**

재료(2인분)

「카레 양념」 ··· 120g ➡ 만드는 방법은 P.131~132 참고
다진 돼지고기 ··· 100g
두유 ··· 150㎖
간장 ··· 1작은술
생강(아주 가늘게 채썬) ··· 2/3쪽

만드는 방법

1 냄비를 중불로 가열하고, 다진 돼지고기를 넣어 살짝 눌어붙을 때까지 볶는다.
2 나머지 재료를 모두 넣고 센불로 한소끔 끓인다. 10분 정도 약불로 졸인다.

[카레 양념] **시금치 & 베이컨 카레**

재료(2인분)

「카레 양념」 … 120g ➡ 만드는 방법은 P.131~132 참고

A
시금치 … 80g(냉동도 가능)
양파 … 20g
커민시드 … 1+1/2작은술
펜넬시드 … 1+1/2작은술
물 … 100㎖
레몬즙 … 2작은술

베이컨(직사각형으로 썬) … 100g

만드는 방법

1 **A**를 믹서로 갈아 페이스트 상태를 만든다.
2 냄비를 중불로 가열하고, 베이컨을 넣어 눋은 자국이 날 때까지 굽는다.
3 카레 양념과 1을 넣고 15분 정도 중불로 졸인다.

[카레 양념] **양고기 & 감자 카레**

재료(2인분)

「카레 양념」 … 120g ➡ 만드는 방법은 P.131~132 참고
양고기(한입크기로 썬) … 160g
●마리네이드액
커민 … 1작은술
요구르트 … 1큰술
마늘(간) … 1쪽
소금 … 1/3작은술
풋고추(둥글게 썬) … 1/2개
오일 … 1/2큰술
감자(중간 크기, 한입크기로 썬) … 1개
레몬즙 … 1큰술
물 … 50㎖

만드는 방법

1 볼에 양고기와 마리네이드액 재료를 넣어 골고루 버무린 후, 냉장고에 1시간 이상(가능하면 하룻밤) 재운다.
2 프라이팬에 오일을 둘러 중불로 가열하고, 양고기를 마리네이드액째 넣어 표면에 색이 들 때까지 굽는다.
3 카레 양념, 감자, 레몬즙, 물을 넣고 30분 정도 약한 중불로 끓인다. 감자는 뭉개져도 OK.

향신료 카레

[카레 양념] **메추리알 카레**

재료(2인분)

「카레 양념」 … 120g ➡ 만드는 방법은 P.131~132 참고
베이컨 … 30g
코코넛밀크 … 100g
메추리알(삶은) … 10개
물 … 80㎖
커민시드 … 2작은술
레몬즙 … 2작은술

만드는 방법

1 냄비에 베이컨을 넣고, 양쪽 면이 노릇해질 때까지 중불로 구운 후 꺼내서 가로세로 5㎜ 정도로 깍둑썰기한다.
2 베이컨을 냄비에 다시 넣고, 나머지 재료를 모두 넣은 후 15분 정도 중불로 끓인다.

향신료 카레

[카레 양념] **오크라 & 토마토 치즈카레**

재료(2인분)

「카레 양념」 … 120g ➡ 만드는 방법은 P.131~132 참고
토마토(중간 크기, 가로세로 1.5㎝로 깍둑썰기한) … 1개
물 … 100㎖
피자용 치즈 … 40g
오크라 … 6~7개

만드는 방법

1 냄비에 카레 양념, 토마토, 물을 넣고 센불로 끓인다. 끓으면 치즈를 넣어 5분 정도 약불로 졸인다.
2 오크라를 넣고, 치즈가 눌어붙지 않도록 나무주걱으로 냄비 바닥을 긁어내면서 5분 정도 끓인다.

후이궈러우 드라이카레

재료(2인분)

오일 … 1+2/3큰술
홍고추 … 1개
팔각 … 1개(있는 경우)
돼지고기(삼겹살, 한입크기로 썬)
… 100g
●파우더 향신료
　코리앤더파우더 … 1작은술
　커민파우더 … 1작은술
　가람마살라 … 1작은술
　터메릭 … 1/2작은술
　파프리카파우더 … 1/2작은술

소흥주 … 1큰술
양배추(듬성듬성 썬) … 1/8개
피망(가늘게 썬) … 1개
대파(가늘게 썬) … 1/4줄기
●조미액
　춘장 … 1큰술
　두반장 … 1작은술
　간장 … 1작은술
　설탕 … 1+2/3작은술
　마늘(간) … 1/2쪽

만드는 방법

1　냄비에 오일을 둘러 중불로 가열하고, 홍고추와 팔각을 넣어 향이 날 때까지 볶는다.
2　돼지고기를 넣고 표면이 익을 때까지 센불로 볶는다.
3　파우더 향신료와 소흥주를 더해, 전체가 잘 어우러질 때까지 중불로 볶는다.
4　양배추, 피망, 대파를 넣어 살짝 섞은 후, 뚜껑을 덮고 양배추의 숨이 죽을 때까지
　3~4분 찌듯이 굽는다.
5　조미액을 넣고, 수분이 거의 없어질 때까지 3~4분 볶는다.

후추 루로우 카레

재료(2인분)

참기름 … 1큰술
마늘(다진) … 2+1/2쪽
생강(큰 것, 다진) … 1쪽
돼지고기(삼겹살, 한입크기로 썬)
… 250g
튀긴 양파 … 20g
팔각 … 1개
오향분 … 1+1/2작은술
후추 … 2작은술

●조미액
　물 … 75㎖
　사과식초 … 20g
　소흥주 … 2큰술
　간장 … 1+1/2큰술
　굴소스 … 1큰술
　설탕 … 2작은술
●전분물
　전분가루 … 1큰술
　물 … 4작은술

만드는 방법

1　냄비에 참기름을 둘러 중불로 가열하고, 마늘과 생강을 넣어 향이 날 때까지 볶는다.
2　돼지고기를 넣고, 돼지고기 표면이 익을 때까지 볶는다. 튀긴 양파, 팔각, 오향분,
　후추를 넣고 팔각의 향이 날 때까지 1분 정도 볶는다.
3　조미액을 넣고, 타지 않도록 중간중간 저어가며 40분 정도 약한 중불로 졸인다.
4　전분물을 넣고 한소끔 끓인다.

소고기 카레

재료(2인분)

소고기(양지머리, 크게 한입크기로 썬)
… 150g
요구르트 … 1+1/3큰술
소금 … 1/3작은술
후추 … 2/3작은술

A
오일 … 2+1/2작은술
소금 … 1/3작은술
당근(간) … 1/4개(30g)
양파(간) … 1/2개
마늘(간) … 1/2쪽
토마토 페이스트 … 3+1/3작은술
(토마토 퓌레일 경우 6+2/3작은술)

●파우더 향신료
카다몬파우더 … 1/4작은술
시나몬파우더 … 1/4작은술
정향파우더 … 1/4작은술

터메릭 … 1/4작은술
흰 후춧가루 … 1/4작은술
레드칠리파우더 … 1/4작은술
파프리카파우더 … 1/2작은술
가람마살라 … 1작은술
커민파우더 … 1작은술
코리앤더파우더 … 1작은술

B
물 … 100㎖
간장 … 2작은술
오렌지즙 … 20㎖
레몬즙 … 1작은술
레드와인 … 50㎖
월계수잎 … 1장
생크림 … 4작은술
튀긴 양파 … 5g(있는 경우)

감자(한입크기로 썬) … 1/2개

만드는 방법

1 지퍼백에 소고기, 요구르트, 소금, 후추를 넣고 버무린 후, 1시간 이상(최대 하룻밤) 재운다.
2 1을 200℃로 예열한 오븐(프라이팬도 가능)에 놓은 자국이 생길 때까지 20분 정도 굽는다.
3 냄비에 **A**의 재료를 모두 넣고, 중불로 전체가 익을 때까지 볶는다(조금 타도 OK). 파우더 향신료를 넣고 섞는다.
4 **B**를 넣고 섞으면서 센불로 끓인다. 2의 소고기와 감자를 넣고, 섞

으면서 중불로 다시 끓인다.
5 약불로 줄이고, 냄비 바닥이 타지 않도록 중간중간 저어가며 1시간 정도 졸인다.

돼지고기 블랙키마

재료(2인분)

오일 … 1큰술
양파(다진) … 100g
마늘(다진) … 1+1/2쪽
생강(다진) … 2/3쪽
토마토 페이스트
… 2+1/2작은술(토마토 퓌레일 경우 5작은술)
간장 … 2큰술
다진 돼지고기 … 200g
요구르트 … 4작은술
사과주스 … 2큰술
꿀 … 1작은술

브라운머스터드시드 … 1작은술
간 검은깨 … 2작은술
화자오 … 1/2작은술
사과식초 … 2작은술
●파우더 향신료
코리앤더파우더 … 1작은술
커민파우더 … 1작은술
후추 … 1+1/2작은술
터메릭 … 1/2작은술
레드칠리파우더 … 1/2작은술
가람마살라 … 1/2작은술

만드는 방법

1 프라이팬에 오일을 둘러 중불로 가열하고, 양파를 넣어 너구리색(P.17)이 될 때까지 볶는다. 마늘, 생강, 토마토 페이스트를 넣고 수분을 날리면서 2~3분 볶는다.
2 나머지 재료와 파우더 향신료를 모두 넣고 골고루 섞은 후, 타지 않도록 5~10분 중불로 볶는다.

버섯 듬뿍 카레

재료(2인분)

오일 … 2+1/2작은술
●홀 향신료
  커민시드 … 1/2작은술
  머스터드시드 … 1/2작은술
양파(슬라이스한) … 1/2개
마늘(간) … 1/2쪽
생강(간) … 1/2쪽
●파우더 향신료
  코리앤더파우더 … 1작은술
  터메릭 … 1/2작은술
  레드칠리파우더 … 1/2작은술
  파프리카파우더 … 1/2작은술
  후추 … 1/2작은술
  시나몬파우더 … 1/2작은술

소금 … 1작은술
요구르트 … 4작은술
다짐육 … 80g
●버섯
  총 150g 정도(동일한 양이 아니어도 OK)
  표고버섯(5mm 폭으로 썬)
  잎새버섯(4~5cm 폭으로 썬)
  새송이버섯(큰 직사각형으로 썬)
  만가닥버섯(작은 송이로 나눈)
코코넛밀크 … 20g
레몬즙 … 1/2작은술
물 … 60㎖

만드는 방법

1. 냄비에 오일을 둘러 중불로 가열하고, 홀 향신료를 넣어 향이 날 때까지 1분 정도 볶는다.
2. 양파를 넣어 여우색이 될 때까지 볶은 후, 마늘과 생강을 넣고 모두 익을 때까지 2~3분 더 볶는다.
3. 파우더 향신료와 소금을 넣은 후, 향이 나기 시작하면 요구르트를 넣는다. 반죽하듯 섞으면서 수분을 날려, 전체가 잘 어우러지도록 중불로 볶는다.
4. 프라이팬을 중불로 가열하고, 다짐육을 넣어 투명한 육즙이 듬뿍 나와 보슬보슬해질 때까지 볶는다. 버섯을 넣고 살짝 볶는다.
5. 3의 냄비에 4를 넣고 코코넛밀크, 레몬즙, 물을 넣어 센불로 끓인다. 끓으면 버섯을 넣고 숨이 죽을 때까지 약불로 졸인다.

가지 토마토 카레

재료(2인분)

오일 … 1큰술 + 1/2작은술
커민시드 … 1/2작은술
양파(작은 것, 다진) … 1개
마늘(다진) … 1쪽
생강(다진) … 1/2쪽
●파우더 향신료
  코리앤더파우더 … 1/2큰술
  레드칠리파우더 … 1/2작은술
  터메릭 … 1/2작은술

풋고추(다진) … 3개
소금 … 1작은술
닭다리살 … 100g

A
냉동 튀긴 가지 … 200g(생가지로 만들 경우, 한입크기로 썰어서 튀긴다)
토마토(가로세로 1cm로 깍둑썰기한) … 1/2개(100g, 홀토마토 통조림도 가능)
레몬즙 … 1/2큰술
물 … 80㎖

만드는 방법

1. 냄비에 오일 1큰술을 둘러 중불로 가열하고, 커민시드를 넣어 향이 날 때까지 볶은 후 양파를 넣어 여우색이 될 때까지 볶는다. 고기와 생강을 넣고, 수분이 없어질 때까지 2~3분 더 볶는다.
2. 파우더 향신료, 풋고추, 소금을 넣고 반죽하듯 섞어, 전체가 잘 어우러질 때까지 중불로 볶는다.
3. 프라이팬에 오일 1/2작은술을 둘러 중불로 가열하고, 닭다리살의 껍질쪽이 아래를 향하도록 올린다. 겉이 바삭해지고 속이 익을 때까지 5~10분 굽는다. 뒤집어서 1분 정도 구운 후 꺼내서 가로세로 1.5cm로 깍둑썰기한다.
4. 2의 냄비에 닭다리살과 **A**를 넣고, 10분 정도 중불로 졸인다.

향
신
료
카
레

대파 & 생강 치킨카레

재료(2인분)

오일 … 4작은술
호로파시드 … 5g
커민시드 … 1/2작은술
머스터드시드 … 1g

A
대파(어슷썰기한) … 1/2줄기
생강(간) … 2쪽
마늘(간) … 1/2쪽
풋고추(씨 포함 가늘고 둥글게 썬) … 1개

●파우더 향신료
시나몬파우더 … 1/4작은술
가람마살라 … 1/2작은술
터메릭 … 1/2작은술
레드칠리파우더 … 1/2작은술
흰 후춧가루 … 1작은술
코리앤더파우더 … 1작은술
물 … 100㎖
닭다리살(한입크기로 썬) … 140g
코코넛밀크 … 100g
소금 … 1/2작은술

만드는 방법

1 냄비에 오일을 둘러 중불로 가열하고, 호로파시드를 넣어 달콤한
   향이 나며 검은색에 가까운 짙은 갈색이 될 때까지 볶는다. 커민시
   드와 머스터드시드를 넣고, 보글보글 거품이 날 때까지 볶는다.
2 A, 파우더 향신료, 물 50㎖를 넣고 전체를 섞으면서 10분 정도 중
   불로 볶는다. 불이 너무 세면 향신료가 타므로 주의한다.

3 대파가 반 정도 익으면 닭다리살, 코코넛밀크, 물 50㎖, 소금을 넣
   고 중불로 끓인다. 끓으면 10분 정도 약불로 졸인다.

바지락 & 양배추 카레

재료(2인분)

오일 … 1+1/2작은술 + 1큰술
●홀 향신료
커민시드 … 1/2작은술
펜넬시드 … 1/2작은술
머스터드시드 … 1/2작은술
마늘(간) … 1쪽
생강(간) … 1/2쪽
●파우더 향신료
코리앤더파우더 … 1+1/2작은술
터메릭 … 1/2작은술
레드칠리파우더 … 1/2작은술
파프리카파우더 … 1/2작은술

물 … 50㎖
화이트와인 … 40㎖
생크림 … 40㎖
양배추(굵게 다져서 소금에 버무린) … 120g
양파(굵게 다진) … 1/4개
소금 … 1작은술
버터 … 10g
냉동 바지락 … 80g

만드는 방법

1 냄비에 오일 1+1/2작은술을 둘러 중불로 가열하고, 홀 향신료를 넣
   어 향이 날 때까지 볶는다.
2 마늘과 생강을 넣고 수분이 없어질 때까지 2~3분 정도 볶은 후, 불
   을 끄고 파우더 향신료를 넣어 골고루 섞는다. 걸쭉해지며 전체가
   섞이면, 물과 와인을 넣어 센불로 한소끔 끓인 다음 생크림을 넣고
   가볍게 섞은 후 불을 끈다.

3 프라이팬에 오일 1큰술을 둘러 센불로 가열하고 양배추, 양파, 소
   금을 넣어 양배추의 숨이 죽을 때까지 볶는다. 버터와 바지락을 넣
   고, 바지락이 해동될 때까지 볶는다.
4 2의 냄비에 3을 넣고 15분 정도 약불로 졸인다.

미네스트로네 핸즈오프 카레

재료(2인분)

올리브오일 … 2큰술
마늘(으깬) … 1쪽
통후추 … 1작은술(조금 적게)
● 파우더 향신료
  터메릭 … 1/4작은술
  파프리카파우더 … 1/2작은술
  코리앤더파우더 … 2작은술
소금 … 1/2작은술
호박(가로세로 2cm로 깍둑썰기한) … 1/4개
셀러리(굵게 다진) … 1/2줄기
당근(작게 한입크기로 썬) … 1/3개
주키니(한입크기로 썬) … 1개
참치통조림 … 1캔
토마토주스(무염) … 1병(250㎖)
치즈가루 … 30g

만드는 방법

1 냄비에 재료를 모두 넣고 센불로 한소끔 끓인 후, 뚜껑
을 덮어 25분 정도 약한 중불로 졸인다. 눌어붙지 않
도록, 뚜껑을 덮은 채 중간중간 냄비를 흔들어 준다.

| technique |

모두 냄비에 담아 끓이기만 하면 끝!

핸즈오프 카레란, 재료를 순서대로 냄비에 넣고 끓이기만 하
면 카레가 완성되는 정말 간단한 방법이다. 포인트는 타지 않
도록, 중간중간 냄비를 흔들기만 하면 끝! 끓이기 전에 재료
를 볶는 등 조금 더 공을 들인 '핸즈오프'로 깊은 맛을 내는
응용방법도 있다.

고등어 핸즈오프 카레

재료(2인분)

오일 … 1큰술
통후추 … 1작은술(조금 적게)
고등어통조림 … 1캔(200g)
대파(3㎝ 폭으로 썬) … 2줄기
마늘(간) … 1쪽
생강(간) … 1쪽

●파우더 향신료
　터메릭 … 1/4작은술
　파프리카파우더 … 1/2작은술
　코리앤더파우더 … 2작은술
무(가로세로 2㎝로 깍둑썰기한)
　… 100g
미소 … 1큰술(조금 많게)
물 … 300㎖

만드는 방법

1　냄비에 재료를 모두 넣고 센불로 한소끔 끓인 후, 뚜껑을 덮어 10분 정도 약불로 졸인다. 눌어붙지 않도록, 뚜껑을 덮은 채 중간중간 냄비를 흔들어 준다.

비프스튜 핸즈오프 카레

재료(2인분)

올리브오일 … 2큰술
마늘(다진) … 1쪽
셀러리(슬라이스한) … 1/4줄기
소고기(목살, 작게 한입크기로 썬) … 300g
레드와인 … 100㎖
양파(슬라이스한) … 1/2개
감자(가로세로 2㎝로 깍둑썰기한) … 1개
●파우더 향신료
　터메릭 … 1/4작은술
　레드칠리파우더 … 1/2작은술
　파프리카파우더 … 1/2작은술
　가람마살라 … 2작은술
소금 … 1/2작은술
중농소스 … 1큰술(조금 많게)
만가닥버섯 … 1팩(100g)
물 … 500㎖

만드는 방법

1　냄비에 올리브오일을 둘러 중불로 가열하고, 마늘과 셀러리를 넣어 살짝 볶은 후 소고기를 넣고 표면 전체에 색이 들 때까지 볶는다.
2　나머지 재료를 모두 넣고 한소끔 끓인 후, 뚜껑을 덮어 45분 정도 약불로 졸인다. 눌어붙지 않도록, 뚜껑을 덮은 채 중간중간 냄비를 흔들어 준다.
3　뚜껑을 열고, 걸쭉해질 때까지 끓인다

향신료
카레

감자 & 소고기 핸즈오프 카레

재료(2인분)

오일 … 1큰술
소고기(얇게 썬) … 150g
감자(한입크기로 썬) … 1개
단호박(한입크기로 썬) … 1/8개
양파(슬라이스한) … 1/2개
멘츠유(2배 농축) … 2큰술
커민시드 … 1/2작은술
●파우더 향신료
　터메릭 … 1/4작은술
　파프리카파우더 … 1/2작은술
　코리앤더파우더 … 2작은술
물 … 200㎖

만드는 방법

1　냄비에 오일을 둘러 가열하고, 소고기를 넣어 익을 때까지 중불로 볶는다.
2　나머지 재료를 모두 넣고, 뚜껑을 덮어 20분 정도 약불로 끓인다.

어묵 더블핸즈오프 카레

재료(2인분)

오일 … 2큰술
양파(웨지모양으로 썬) … 1개
커민시드 … 1/2작은술
마늘(간) … 1쪽
생강(간) … 1쪽
●파우더 향신료
　터메릭 … 1/4작은술
　파프리카파우더 … 1/2작은술
　코리앤더파우더 … 2작은술
어묵(국물 포함) … 1팩

만드는 방법

1　냄비에 오일을 둘러 가열한 후, 양파와 물 200㎖(분량 외)를 넣고 뚜껑을 덮어 20분 정도 약불로 끓인다.
2　뚜껑을 열어 수분을 날리며 커민시드, 마늘, 생강을 넣어 살짝 볶는다.
3　파우더 향신료와 어묵을 넣고 한소끔 끓인 후, 뚜껑을 덮어 20분 정도 졸인다. 뚜껑을 열고 5분 정도 더 끓인다.

향신료
카레

치킨스튜 핸즈오프 카레

재료(2인분)

오일 … 1큰술
닭다리살(한입크기로 썬) … 300g
커민시드 … 1/2작은술
마늘(다진) … 1쪽
감자(한입크기로 썬) … 1개
물 … 200㎖
미소 … 1큰술
●파우더 향신료
　터메릭 … 1/4작은술
　파프리카파우더 … 1/2작은술
　코리앤더파우더 … 2작은술
생크림 … 100㎖

만드는 방법

1　냄비에 오일을 둘러 가열한 후, 닭다리살의 껍질쪽이 아래를 향하게 놓고 전체에 노릇하게 구운 색이 들 때까지 센불로 굽는다.
2　생크림을 제외한 모든 재료를 넣고 한소끔 끓인 후, 뚜껑을 덮어 20분 정도 약불로 졸인다.
3　뚜껑을 열고, 생크림을 넣어 살짝 졸인다.

어묵 & 유채 핸즈오프 카레

재료(2인분)

오일 … 2큰술
양파(슬라이스한) … 1/2개
●홀 향신료
　커민시드 … 1/2작은술
　통후추 … 1작은술(조금 많게)
생선완자 … 1팩(300g)
우엉(다진) … 50g
다시마(10㎝ × 20㎝) … 1장
우메보시(과육을 다진)
… 2개 분량
소금 … 1/2작은술

●파우더 향신료
　터메릭 … 1/4작은술
　레드칠리파우더 … 1작은술
　코리앤더파우더 … 2작은술
일본술 … 3큰술
물 … 300㎖

만드는 방법

1　냄비에 오일을 둘러 가열하고, 양파를 넣어 여우색이 될 때까지 중불로 볶는다.
2　나머지 재료를 모두 넣고 센불로 한소끔 끓인 후, 뚜껑을 덮어 10분 정도 약불로 졸인다.

169 ——— 진한 바지락 육수가 맛의 결정타!

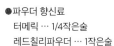

두부찌개 핸즈오프 카레

재료(2인분)

오일 … 1큰술
소고기(자투리) … 200g
마늘(다진) … 1쪽
생강(다진) … 1쪽
두부(가로세로 2㎝로 깍둑썰기한)
… 1모(300g)
바지락(해감한) … 120g
표고버섯(슬라이스한)
… 2장(20g)
배추김치
…50g(부추김치가 있다면 추천)
정종 … 3큰술(조금 많게)
간장 … 2작은술

●파우더 향신료
  터메릭 … 1/4작은술
  레드칠리파우더 … 1작은술
  코리앤더파우더 … 2작은술
물 … 200ml

만드는 방법

1 냄비에 오일을 둘러 가열하고, 소고기를 넣어 전체가 익을 때까지 중불로 볶는다.
2 나머지 재료를 모두 넣어 센불로 한소끔 끓인 후, 뚜껑을 덮고 10분 정도 약불로 졸인다.

170 ——— 해산물의 감칠맛이 가득한 스파이시 카레

부야베스 핸즈오프 카레

재료(2인분)

올리브오일 … 2큰술
마늘(으깬) … 2쪽
홍고추(갈라서 씨 제거) … 2개
생선뼈 … 150g
바지락(해감한) … 15개
화이트와인 … 100㎖

●파우더 향신료
  터메릭 … 1/4작은술
  파프리카파우더 … 1/2작은술
  코리앤더파우더 … 2작은술
  소금 … 1/2작은술
순무(4등분한) … 1개
홀토마토 통조림 … 1/2캔
물 … 100㎖

만드는 방법

1 냄비에 올리브오일, 마늘, 홍고추를 넣어 중불로 가열하고, 표면이 노릇해질 때까지 볶는다.
2 생선뼈와 바지락을 넣어 살짝 볶은 후, 화이트와인을 붓고 한소끔 끓여 알코올을 날린다.
3 나머지 재료를 모두 넣고, 뚜껑을 덮어 10분 정도 중불로 끓인다.

향신료
카레

146

닭다리살 & 다진 푸른 채소 카레

재료(2인분)

오일 2큰술
● 홀 향신료
   커민시드 … 1/2작은술
   시나몬스틱 … 1/4개
꽈리고추(다진) … 2개
양파(중간 크기, 슬라이스) … 1/2개
소금 … 2/3작은술
마늘(간) … 2쪽
생강(간) … 1/2쪽
요구르트 … 1큰술
토마토 퓌레 … 1큰술
● 파우더 향신료
   레드칠리파우더 … 1/2작은술
   코리앤더파우더 … 2작은술
   커민파우더 … 1/3작은술
닭다리살(먹기 좋은 크기로 썬) … 150g
시금치(살짝 데쳐서 다진) … 100g(3~4포기 분량)
소송채(살짝 데쳐서 다진) … 100g(2~3포기 분량)
카수리메티(손으로 비벼 잘게 만든) … 2작은술
설탕 … 1큰술
물 … 150㎖
생크림 … 50㎖

만드는 방법

1 프라이팬에 오일을 둘러 중불로 가열하고, 홀 향신료를 넣어 향이 날 때까지 볶는다.

2 꽈리고추를 넣어 살짝 볶은 후, 양파와 소금을 넣고 족제비색(P.17)이 될 때까지 볶는다.

3 마늘과 생강을 넣고, 풋내가 없어질 때까지 1분 정도 볶은 후 요구르트 와 토마토 퓌레를 넣어 수분이 없어질 때까지 볶는다.

4 약불로 줄인 후, 파우더 향신료를 넣고 충분히 볶는다.

5 닭다리살을 넣고, 닭다리살의 표면이 하얗게 변할 때까지 중불로 볶은 후 시금치, 소송채, 카수리메티, 설탕, 물을 넣는다. 한소끔 끓인 후 약 불로 줄여, 수분이 적어질 때까지 15분 정도 졸인다.

6 생크림을 넣고 한소끔 끓인다.

닭다리살 & 대파 가츠오다시 카레

재료(2인분)

오일 … 2큰술
양파(작은 것, 슬라이스한) … 1/2개
소금 … 2/3작은술
마늘(간) … 1쪽
생강(간) … 2/3쪽
토마토 퓌레 … 1+1/2큰술
●파우더 향신료
　레드칠리파우더 … 1/3작은술
　터메릭 … 1/3작은술

코리앤더파우더 … 2작은술
커민파우더 … 1작은술
가람마살라 … 1/3작은술
●가츠오다시
　가츠오다시 가루 … 2작은술
　뜨거운 물 … 200㎖
닭다리살(먹기 좋은 크기로 썬) … 160g
대파(흰 부분, 4㎝ 길이로 어슷썰기한) … 1줄기 분량

만드는 방법

1 프라이팬에 오일을 둘러 중불로 가열하고, 양파와 소금을 넣어 너
   구리색(P.17)이 될 때까지 볶는다.
2 마늘과 생강을 넣고, 풋내가 없어질 때까지 1분 정도 볶은 후 토마
   토 퓌레를 넣어 볶는다.
3 약불로 줄이고 파우더 향신료를 넣어 충분히 볶는다.

4 가츠오다시를 넣고 한소끔 끓인 후 5분 정도 약불로 졸인다.
5 다른 프라이팬에 적은 양의 오일(분량 외)을 둘러 가열한 후, 닭다
   리살을 넣고 표면이 하얗게 될 때까지 중불로 볶는다. 대파를 넣고,
   표면에 구운 색이 충분히 들 때까지 더 볶는다.
6 4에 5를 넣고, 5분 정도 약불로 끓인다.

콜리플라워소스 닭봉 카레

재료(2인분)

오일 … 2큰술
●홀 향신료
　시나몬스틱 … 1/4개
　팔각 … 1/2개
　홍고추 … 1개
　커민시드 … 1작은술
　코리앤더시드 … 1작은술
　통후추 … 1/2작은술
　펜넬시드 … 1/2작은술
닭봉(뼈를 따라 칼집을 낸) … 6개
풋고추(잘게 썬) … 1개
마늘(간) … 1쪽
생강(간) … 1/2쪽
●파우더 향신료
　코리앤더파우더 … 2작은술
　흰 후춧가루 … 1/8작은술

물 … 150㎖
코코넛밀크 … 150㎖
●콜리플라워소스
　버터 … 20g
　양파(작은 것, 다진) … 1/2개
　콜리플라워(듬성듬성 썬) … 4~5송이(냉동도 가능)
　화이트 양송이버섯(4등분한) … 4~5개
　소금 … 1/2작은술
　물 … 200㎖
　콩소메 가루 … 1작은술

만드는 방법

1 프라이팬에 오일을 둘러 중불로 가열하고, 홀 향신료를 넣어 향이
   날 때까지 볶는다.
2 닭봉, 풋고추, 마늘, 생강을 넣어, 타지 않고 고기 표면이 하얗게 될
   때까지 약불로 볶는다.
3 파우더 향신료를 넣고 충분히 볶는다.
4 물과 코코넛밀크를 넣고 한소끔 끓인 후, 30분 정도 약불로 졸인다.

5 4를 끓이는 동안 콜리플라워소스를 만든다. 다른 냄비에 버터를
   약불로 가열하고, 양파를 넣어 투명해질 때까지 볶는다. 콜리플라
   워와 양송이버섯을 넣고 살짝 볶은 후 소금, 물, 콩소메 가루를 넣
   는다. 뚜껑을 덮고 콜리플라워가 부드러워질 때까지 10분 정도 약
   불로 졸인다. 한 김 식으면 믹서로 갈아 부드러운 소스 상태로 만
   든다.
6 4에 콜리플라워소스를 넣고, 끓어오르지 않게 5분 정도 약불로
   졸인다.

——— 피망의 아삭함이 매력! 매운 것을 싫어하는 사람에게도 좋은

닭다리살 & 피망 카레

재료(2인분)

오일 … 2큰술
마늘(다진) … 1+1/2쪽
생강(다진) … 1/2쪽
양파(작은 것, 슬라이스한) … 1개
소금 … 2/3작은술
토마토 퓌레 … 2큰술
카레가루 … 1큰술

●닭뼈육수
　닭뼈육수 가루 … 1작은술
　뜨거운 물 … 200㎖
닭다리살(먹기 좋은 크기로 썬) … 200g
피망(마구썰기한) … 1개

만드는 방법

1　프라이팬에 오일을 둘러 중불로 가열하고, 마늘과 생강을 넣어 살짝 볶은 후 양파와 소금을 넣어 양파가 너구리색(P.17)이 될 때까지 더 볶는다.
2　토마토 퓌레를 넣고 수분이 없어질 때까지 볶는다.
3　약불로 줄이고 카레가루를 넣어 충분히 볶는다.
4　닭뼈육수를 넣고, 한소끔 끓인 후 5분 정도 약불로 졸인다.
5　다른 프라이팬에 적은 양의 오일(분량 외)을 둘러 가열하고, 닭다리살의 껍질쪽이 아래를 향하게 올린 후 표면에 구운 색이 들며 익을 때까지 중불로 굽는다.
6　4에 5를 넣고, 5분 정도 약불로 끓인 후 피망을 넣어 살짝 끓인다.

——— 마지막에 고수를 넣어 아삭함과 신선한 향을 더한

닭날개 & 마늘종 요구르트 코코넛카레

재료(2인분)

오일 … 2큰술
양파(중간 크기, 슬라이스한) … 1/2개
소금 … 2/3작은술
마늘(간) … 2쪽
생강(간) … 1/2쪽
●파우더 향신료
　레드칠리파우더 … 1/2작은술
　터메릭 … 1/2작은술
　코리앤더파우더 … 2작은술
　커민파우더 … 1/2작은술
　가람마살라 … 1/2작은술

닭날개(관절 앞부분은 잘라낸) … 6개
마늘종(3㎝ 길이로 썬) … 80g
물 … 60㎖
코코넛밀크 … 80㎖
요구르트 … 80g
고수(다진) … 30g

만드는 방법

1　프라이팬에 오일을 둘러 중불로 가열하고, 양파와 소금을 넣어 족제비색(P.17)이 될 때까지 볶는다.
2　마늘과 생강을 넣고, 풋내가 없어질 때까지 1분 정도 볶는다.
3　약불로 줄이고, 파우더 향신료를 넣어 충분히 볶는다.
4　다른 프라이팬에 적은 양의 오일(분량 외)을 둘러 중불로 가열하고, 닭날개를 넣어 볶는다. 익으면 마늘종을 넣고 살짝 볶는다.
5　3에 4를 넣고, 물을 부어 한소끔 끓인 후 약불로 줄여 코코넛밀크, 요구르트, 고수를 넣은 다음 끓어오르지 않게 저어가며 6분 정도 졸인다.

다진 닭고기 & 연골 코코넛카레

재료(2인분)

오일 … 2큰술	다진 닭고기 … 150g
양파(중간 크기, 슬라이스한) … 1/2개	물 … 100㎖
소금 … 2/3작은술	코코넛밀크 … 100㎖
마늘(간) … 1+1/2쪽	대파(푸른 부분, 잘게 썬)
생강(간) … 1/2쪽	… 1줄기 분량(20g)
카레가루 … 1큰술	
닭가슴연골 … 100g	

만드는 방법

1 프라이팬에 오일을 둘러 중불로 가열하고, 양파와 소금을 넣어 양파가 족제비색 (P.17)이 될 때까지 볶는다.
2 마늘과 생강을 넣고, 풋내가 없어질 때까지 1분 정도 볶는다.
3 약불로 줄인 후 카레가루를 넣고 충분히 볶는다.
4 다른 프라이팬에 적은 양의 오일(분량 외)을 두르고 연골을 넣어 중불로 볶는다. 익으면 다진 닭고기를 넣고, 익을 때까지 더 볶는다.
5 3에 4를 넣고 물을 부어 한소끔 끓인다. 코코넛밀크를 넣어 6분 정도 약불로 끓인 후 대파를 넣고 살짝 섞는다.

다진 돼지고기 & 가지 흑초 볶음카레

재료(2인분)

오일 … 3큰술	마늘(다진) … 1쪽
꽈리고추(다진) … 1개	생강(다진) … 1+1/2쪽
양파(중간 크기, 굵게 다진) … 1/2개	다진 돼지고기 … 150g
소금 … 2/3작은술	가지(중간 크기, 마구썰기한) … 1개
토마토 퓌레 … 2큰술	흑초 … 40㎖
●파우더 향신료	물 … 150㎖
레드칠리파우더 … 1/2작은술	부추(1cm 길이로 썬) … 3줄기
터메릭 … 1/4작은술	
커민파우더 … 1작은술	
코리앤더파우더 … 1+1/2작은술	
가람마살라 … 1/2작은술	

만드는 방법

1 프라이팬에 오일 1큰술을 둘러 중불로 가열하고, 꽈리고추를 넣어 살짝 볶는다. 양파와 소금을 넣고 양파가 너구리색(P.17)이 될 때까지 볶는다.
2 토마토 퓌레를 넣어 1분 정도 볶고 약불로 줄인 후, 파우더 향신료를 넣어 충분히 볶는다.
3 다른 프라이팬에 오일 2큰술을 둘러 중불로 가열하고, 마늘과 생강을 넣어 살짝 볶는다. 다진 돼지고기를 넣어 익힌 후, 가지를 넣고 가지의 숨이 죽을 때까지 볶는다. 흑초를 넣고 1분 정도 더 볶는다.
4 2에 3을 넣고 물을 부어 한소끔 끓인 후, 부추를 넣어 3분 정도 약불로 졸인다.

향신료 카레

다진 닭고기 & 브로콜리 두유 카레

재료(2인분)

오일 … 2큰술
●홀 향신료
  셀러리시드 … 1/3작은술
  굵은 후추 … 1/4작은술
양파(중간 크기, 슬라이스한) … 1/2개
소금 … 2/3작은술
마늘(간) … 2쪽
생강(간) … 1/2쪽
토마토 퓌레 … 1+1/2큰술
●파우더 향신료
  레드칠리파우더 … 1/2작은술
  터메릭 … 1/2작은술
  코리앤더파우더 … 2작은술
  커민파우더 … 1/2작은술
  가람마살라 … 1/4작은술
다진 닭고기 … 150g
브로콜리(작은 송이로 나눈) … 120g
물 … 100㎖
두유 … 100㎖

만드는 방법

1 프라이팬에 오일을 둘러 중불로 가열하고, 홀 향신료를 넣어 향이 날 때까지 볶는다. 양파와 소금을 넣어 족제비색(P.17)이 될 때까지 볶는다.
2 마늘과 생강을 넣어 풋내가 없어질 때까지 1분 정도 볶은 후, 토마토 퓌레를 넣고 수분이 없어질 때까지 볶는다.
3 약불로 줄인 후 파우더 향신료를 넣어 충분히 볶는다.
4 다른 프라이팬에 적은 양의 오일(분량 외)을 둘러 중불로 가열하고, 다진 닭고기를 넣어 볶는다. 익으면 브로콜리를 넣고 살짝 볶는다.
5 3에 4를 넣고 물을 부은 후 한소끔 끓인다. 약불로 줄이고, 두유를 넣어 끓어오르지 않게 저어가며 5분 정도 졸인다.

향신료 카레

가파오풍 다진 닭고기 카레

재료(2인분)

오일 … 4큰술
●홀 향신료
  홍고추(둥글게 썬) … 1/2작은술
  커민시드 … 1/2작은술
마늘(다진) … 2쪽
생강(다진) … 1/2쪽
다진 닭고기 … 120g
양파(큰 것, 다진) … 1/3개
●조미료
  남플라 … 1작은술
  굴소스 … 1작은술
  설탕 … 1/2작은술
카레가루 … 2작은술
파프리카(먹기 좋은 크기로 썬) … 1/2개
바질(줄기가 붙은 잎, 손으로 찢은) … 12장
레몬즙 … 1작은술
달걀 … 2개

만드는 방법

1 프라이팬에 오일 2큰술을 둘러 중불로 가열하고, 홀 향신료를 넣어 향이 날 때까지 볶는다.
2 마늘과 생강을 넣어 1분 정도 볶은 후, 다진 닭고기를 넣고 표면에 색이 들 때까지 볶는다.
3 양파를 넣어 투명해질 때까지 볶은 후, 조미료 재료를 더해 1분 정도 더 볶는다.
4 불을 끄고, 카레가루를 넣은 후 저으면서 남은 열로 1분 정도 볶는다.
5 파프리카를 넣고 숨이 죽을 때까지 중불로 볶는다. 바질을 넣고 살짝 볶은 후 레몬즙을 뿌려 그릇에 담는다.
6 다른 프라이팬에 오일 2큰술을 둘러 약한 중불로 가열하고, 달걀프라이를 만들어 카레 위에 올린다.

닭가슴살 & 삶은 달걀 카레

재료(2인분)

달걀 … 2개
오일 … 2큰술
●홀 향신료
　머스터드시드 … 1/4작은술
　펜넬시드 … 1/4작은술
　커민시드 … 1/4작은술
　칼론지 … 1/8작은술
　호로파시드 … 1/8작은술
양파(중간 크기, 슬라이스한) … 1/2개
소금 … 1/2작은술
마늘(간) … 1쪽

생강(간) … 1/2쪽
토마토 퓌레 … 1큰술
요구르트 … 1큰술
카레가루 … 1큰술
●닭뼈육수
　닭뼈육수 가루 … 1작은술
　뜨거운 물 … 150㎖
샐러드치킨(시판품, 손으로 찢어 나눈)
　… 200g 정도
코코넛밀크 … 100㎖

만드는 방법

1 냄비에 물을 넉넉히 담아 끓인 후, 달걀을 넣고 10분 정도 삶아 완숙 달걀을 만든다. 껍데기를 벗긴 후 비닐봉지에 담고, 손으로 으깨 둔다.
2 프라이팬에 오일을 둘러 중불로 가열하고, 홀 향신료를 넣어 향이 날 때까지 볶는다.
3 양파와 소금을 넣어 족제비색(P.17)이 될 때까지 볶는다.

4 마늘과 생강을 넣고, 풋내가 없어질 때까지 1분 정도 볶는다. 토마토 퓌레와 요구르트를 넣고 3분 정도 더 볶는다.
5 약불로 줄인 후 카레가루를 넣고 충분히 볶는다.
6 닭뼈육수, 샐러드치킨, 1을 넣고 한소끔 끓인다. 약불로 줄이고, 코코넛밀크를 넣어 끓어오르지 않게 저어가며 5분 정도 졸인다.

치킨볼 & 김조림 카레

재료(2인분)

●치킨볼
　다진 닭고기 … 200g
　가람마살라 … 1/4작은술
　소금 … 조금
　생강(다진) … 1쪽
　대파(다진) … 1/5줄기(20g)
　부추(다진) … 2줄기
오일 … 2큰술
꽈리고추(다진) … 1개
마늘(다진) … 1쪽
양파(중간 크기, 가로로 2등분한 후 5㎜ 폭으로 썬)
　… 1/2개
소금 … 1/2작은술

토마토 퓌레 … 1+1/2큰술
●파우더 향신료
　레드칠리파우더 … 1/2작은술
　터메릭 … 1/4작은술
　코리앤더파우더 … 1+1/2작은술
　커민파우더 … 1작은술
　후추 … 1/4작은술
　가람마살라 … 1/4작은술
●가츠오다시
　가츠오다시 가루 … 1작은술
　물 … 250㎖
김조림 … 80g
참기름 … 2작은술

만드는 방법

1 볼에 치킨볼 재료를 모두 담고, 점도가 생길 때까지 반죽한 후 10등분한다.
2 프라이팬에 오일을 둘러 중불로 가열하고, 꽈리고추와 마늘을 살짝 볶은 후 양파와 소금을 넣어 족제비색(P.17)이 될 때까지 15분 정도 볶는다. 탈 것 같으면 물(분량 외)을 두른다.
3 토마토 퓌레를 넣고, 수분이 없어질 때까지 1분 정도 볶는다.

4 약불로 줄이고 파우더 향신료를 넣어 충분히 볶는다.
5 가츠오다시를 넣어 센불로 한소끔 끓인 후, 1을 넣어 10분 정도 약불로 졸인다.
6 김조림을 넣어 골고루 섞은 후, 참기름을 넣고 1분 정도 끓인다.

닭가슴살 & 파프리카 넛츠밀크 버터 카레

재료(2인분)

버터 … 30g
●홀 향신료
  시나몬스틱 … 1/3개
  정향 … 3개
  카다몬 홀 … 2개
마늘(간) … 2쪽
생강(간) … 1/2쪽
풋고추(다진) … 1/2개

A
  카레가루 … 1큰술
  토마토 퓌레 … 5큰술(조금 적게)
  요구르트 … 2큰술
  소금 … 2/3작은술
  땅콩크림 … 2작은술※
  살구잼 … 1큰술

닭가슴살(큼직하게 썬) … 200g
우유 … 200㎖
파프리카(작게 마구썰기한) … 1/3개
생크림 … 30㎖
카수리메티(볶은 후 손으로 잘게 비빈) … 1작은술

※ 땅콩크림은 땅콩버터 1작은술로 대체 가능.
  알갱이가 들어있지 않은 것을 사용한다.

만드는 방법

1 프라이팬에 버터를 약불로 가열하고 홀 향신료를 넣는다. 향이 나기 시작하면 마늘, 생강, 풋고추를 넣고 풋내가 없어질 때까지 1분 정도 볶는다.

2 A를 넣어 골고루 섞는다.

3 닭가슴살을 넣고, 표면에 색이 들면 우유를 부어 한소끔 끓인 후 약불로 줄여 10분 정도 졸인다.

4 파프리카와 생크림을 넣고, 2분 정도 끓인 후 카수리메티를 넣어 골고루 섞는다.

돼지고기등심 매실주절임 카레

재료(2인분)

돼지고기등심(덩어리, 가로세로 3㎝로 깍둑썰기한)
… 300g
●마리네이드액
　매실주 … 200㎖
　소금 … 조금
　통후추 … 4개
　시나몬스틱 … 1/4개
　정향 홀 … 3개
　메이스 홀 … 1/2작은술
　코리앤더시드 … 1/3작은술
　홍고추(2등분한) … 1개
오일 … 2큰술
양파(큰 것, 가로로 2등분해서 슬라이스한) … 1/2개
마늘(간) … 1쪽
생강(간) … 1/2쪽
토마토 퓌레 … 2큰술
●파우더 향신료
　레드칠리파우더 … 1/2작은술
　터메릭 … 1/3작은술
　코리앤더파우더 … 1작은술
　가람마살라 … 1/4작은술
물 … 100㎖

밑준비

지퍼백에 돼지고기와 마리네이드액 재료를 담고, 냉장고에 하룻밤 정도 재운다. 조리 전에 고기와 마리네이드액을 나누어 둔다.

만드는 방법

1 프라이팬에 오일을 둘러 중불로 가열하고, 양파를 넣어 너구리색(P.17)이 될 때까지 볶는다.

2 마늘과 생강을 넣고, 풋내가 없어질 때까지 1분 정도 볶은 후 토마토 퓌레를 넣어 수분이 없어질 때까지 볶는다.

3 약불로 줄이고 파우더 향신료를 넣어 충분히 볶는다.

4 다른 프라이팬에 오일(분량 외)을 둘러 가열하고, 돼지고기를 넣어 표면에 구운 색이 들 때까지 중불로 볶는다. 마리네이드액을 넣어 한소끔 끓이고 물을 붓는다.

5 3에 4를 넣고 한소끔 끓인 후, 25분 정도 약불로 졸인다. 알코올 냄새가 신경쓰인다면 가열 시간을 조절한다.

184 ———— 돼지고기 & 두부튀김의 존재감과 식감의 대비가 재미있는

돼지고기안심 & 두부튀김 코코넛카레

재료(2인분)

오일 … 2큰술
생강(다진) … 1쪽
꽈리고추(둥글게 썬) … 1개
양파(중간 크기, 다진) … 1/2개
소금 … 2/3작은술
토마토 퓌레 … 1큰술
카레가루 … 1큰술
돼지 안심(덩어리, 가로세로로 2cm로 깍둑
썰기한) … 120g

물 … 100㎖
코코넛밀크 … 150㎖
두부튀김(가로세로 2cm로 깍둑썰기한)
… 120g

만드는 방법

1 프라이팬에 오일을 둘러 중불로 가열하고, 생강과 고추를 넣어 살짝 볶은 후 양파
   와 소금을 넣어 족제비색(P.17)이 될 때까지 볶는다.
2 토마토 퓌레를 넣고 볶는다.
3 약불로 줄이고, 카레가루를 넣어 충분히 볶는다.
4 돼지고기를 넣어 표면이 하얗게 변할 때까지 볶는다.
5 물을 넣어 한소끔 끓인 후 코코넛밀크와 두부튀김를 넣고, 끓어오르지 않게 6분
   정도 약불로 졸인다.

185 ———— 연근의 아삭함과 자극적인 매운맛에 중독되는

돼지 간 & 연근 요구르트소스 카레

재료(2인분)

오일 … 2큰술
꽈리고추(다진) … 2개
양파(중간 크기, 슬라이스한) … 1/2개
소금 … 2/3작은술
마늘(간) … 1+1/2쪽
생강(간) … 1/2쪽
토마토 퓌레 … 1큰술
●파우더 향신료
  레드칠리파우더 … 1/2작은술
  터메릭 … 1/2작은술
  코리앤더파우더 … 2작은술
  커민파우더 … 1작은술
  가람마살라 … 1/4작은술

참기름 … 2작은술
연근(5mm 폭으로 썬) … 80g
돼지고기(잘게 썬) … 180g
간장 … 1작은술
맛술 … 2작은술
●닭뼈육수
  닭뼈육수 가루 … 1작은술
  뜨거운 물 … 150㎖
요구르트 … 100g
대파(푸른 부분, 잘게 썬) … 20g

만드는 방법

1 프라이팬에 오일을 둘러 중불로 가열하고, 꽈리고추를 넣어 살짝
   볶은 후 양파와 소금을 넣어 족제비색(P.17)이 될 때까지 볶는다.
2 마늘과 생강을 넣어 풋내가 없어질 때까지 1분 정도 볶은 후, 토마
   토 퓌레를 넣고 물기가 없어질 때까지 볶는다.
3 약불로 줄이고, 파우더 향신료를 넣어 충분히 볶는다.
4 다른 프라이팬에 참기름을 둘러 중불로 가열하고, 연근을 넣어 표
   면에 구운 색이 들 때까지 볶는다. 돼지고기를 넣어 익을 때까지

볶고, 간장과 맛술을 넣어 윤기가 날 때까지 더 볶는다.
5 3에 4를 넣고 닭뼈육수를 부어 한소끔 끓인다. 요구르트를 넣어
   골고루 섞은 후, 끓어오르지 않게 저어가며 5분 정도 약불로 졸인
   다. 대파를 넣고 살짝 섞는다.

삼겹살 연골 & 쑥갓 & 화자오 카레

재료(2인분)

오일 … 2큰술
● 홀 향신료
　화자오 … 1작은술
　팔각 … 1개
마늘(다진) … 1쪽
생강(다진) … 1/2쪽
삼겹살 연골 … 250g
양파(중간 크기, 큰 웨지모양으로 썬)
… 1/2개(3등분해도 OK)
소금 … 1/2작은술

● 파우더 향신료
　터메릭 … 1/4작은술
　레드칠리파우더 … 1/3작은술
　코리앤더파우더 … 1작은술
　커민파우더 … 1/2작은술
　후추 … 1/4작은술
　화자오 … 1/2작은술
● 닭뼈육수
　닭뼈육수 가루 … 1작은술
　뜨거운 물 … 400㎖
쑥갓(4㎝ 길이로 썬) … 4포기(80g)
고추기름 … 1작은술

만드는 방법

1　프라이팬에 오일을 둘러 중불로 가열하고, 홀 향신료를 넣어 향이
　 날 때까지 볶는다. 마늘과 생강을 넣어 살짝 볶고, 삼겹살 연골을
　 넣어 표면에 구운 색이 들 때까지 볶는다.
2　양파와 소금을 넣고 양파의 숨이 죽을 때까지 볶는다. 약불로 줄이
　 고, 파우더 향신료를 넣어 충분히 볶는다.

3　닭뼈육수를 넣어 한소끔 끓인 후 30분 정도 약불로 졸인다.
4　쑥갓을 넣고 숨이 죽을 때까지 끓인다. 그릇에 담고, 고추기름을 두
　 른다.

돼지고기등심 미소절임 카레

재료(2인분)

돼지고기(등심, 돈가스용 등 두툼한 부위)
… 2장(200g)
● 시로미소양념
　맛술 … 1큰술
　시로미소 … 1+1/2큰술
　누룩소금 … 1작은술
　카레가루 … 1작은술
오일 … 2큰술
● 홀 향신료
　커민시드 … 1/3작은술
　코리앤더시드 … 1/3작은술

마늘(다진) … 1쪽
생강(다진) … 1/2쪽
양파(중간 크기, 다진) … 1/2개
토마토 퓌레 … 1큰술
요구르트 … 1큰술
카레가루 … 2작은술
물 … 200㎖

만드는 방법

1　돼지고기 표면을 포크로 가볍게 찌른 후, 시로미소양념 재료와 함
　 께 지퍼백에 담아 냉장고에 2시간 이상 재운다.
2　프라이팬에 오일을 둘러 중불로 가열하고, 홀 향신료를 넣어 향이
　 날 때까지 볶는다. 마늘과 생강을 넣고 살짝 볶은 후 양파를 넣어
　 족제비색(P.17)이 될 때까지 볶는다.
3　토마토 퓌레와 요구르트를 넣고, 수분이 없어질 때까지 3분 정도
　 볶는다.

4　약불로 줄이고 카레가루를 넣어 충분히 볶는다.
5　다른 프라이팬에 적은 양의 오일(분량 외)을 둘러 가열하고, 1을 국
　 물째 넣어 눌어붙지 않도록 약불로 뭉근히 굽는다. 익으면 한 김
　 식힌 후 먹기 좋은 크기로 썬다.
6　4에 5를 넣고, 물을 부어 한소끔 끓인 후 2분 정도 약불로 졸인다.

향신료
카레

삼겹살 & 배추 고추장 카레

재료(2인분)

오일 ⋯ 2큰술
양파(중간 크기, 슬라이스한) ⋯ 1/2개
소금 ⋯ 1/2작은술
마늘(간) ⋯ 2쪽
생강(간) ⋯ 1/2쪽
토마토 퓌레 ⋯ 1큰술
카레가루 ⋯ 1큰술
물 ⋯ 200㎖
참기름 ⋯ 1작은술
돼지고기(두툼한 삼겹살, 먹기 좋은 크기로 썬) ⋯ 160g
배추(듬성듬성 썬) ⋯ 1장(큰 잎, 80g)
고추장 ⋯ 1/2큰술

만드는 방법

1 프라이팬에 오일을 둘러 중불로 가열하고, 양파와 소금을 넣어 너구리색(P.17)이 될 때까지 볶는다.
2 마늘과 생강을 넣어 살짝 볶은 후, 토마토 퓌레를 넣고 수분이 없어질 때까지 볶는다.
3 약불로 줄이고 카레가루를 넣어 충분히 볶는다.

4 물을 넣고 한소끔 끓인 후, 약불로 5분 정도 졸인다.
5 다른 프라이팬에 참기름을 둘러 약한 중불로 가열하고, 돼지고기를 넣어 표면이 노릇해질 때까지 볶는다. 배추를 넣어 숨이 죽을 때까지 볶고, 고추장을 넣어 볶는다.
6 4에 5를 넣고 한소끔 끓인다.

삼겹살 & 순무 씨겨자 카레

재료(2인분)

오일 ⋯ 2큰술
양파(중간 크기, 슬라이스한) ⋯ 1/2개
소금 ⋯ 2/3작은술
마늘(간) ⋯ 2쪽
생강(간) ⋯ 1쪽
토마토 퓌레 ⋯ 1큰술
씨겨자 ⋯ 2큰술
●파우더 향신료
　레드칠리파우더 ⋯ 1/2작은술
　터메릭 ⋯ 1/4작은술
　코리앤더파우더 ⋯ 2작은술
　커민파우더 ⋯ 2/3작은술

메이스파우더 ⋯ 1/8작은술
흰 후춧가루 ⋯ 1/8작은술
가람마살라 ⋯ 1/4작은술
돼지고기(두툼한 삼겹살, 가로세로 2㎝로 깍둑썰기한) ⋯ 140g
순무(줄기를 1㎝ 정도 남기고 4등분한) ⋯ 1개(100g)
물 ⋯ 200㎖

만드는 방법

1 프라이팬에 오일을 둘러 중불로 가열하고, 양파와 소금을 넣어 족제비색(P.17)이 될 때까지 볶는다.
2 마늘과 생강을 넣고 살짝 볶은 후 토마토 퓌레와 씨겨자를 넣고 2분 정도 볶는다.
3 약불로 줄이고 파우더 향신료를 넣어 충분히 볶는다.

4 다른 프라이팬에 적은 양의 오일(분량 외)을 둘러 중불로 가열하고, 돼지고기 표면에 구운 색이 들 때까지 볶는다. 순무를 넣고 구운 색이 들 때까지 더 볶는다.
5 3에 4를 넣고 물을 부어 한소끔 끓인 후, 10분 정도 약불로 졸인다.

190 ——— 새우의 독특한 향과 감칠맛이 입안 가득 퍼진다

다진 돼지고기 & 새우 카레

재료(2인분)

오일 … 2큰술
●홀 향신료
　머스터드시드 … 1/2작은술
　펜넬시드 … 1/3작은술
　칼론지 … 1/3작은술
　호로파시드 … 1/4작은술
마늘(다진) … 1쪽
생강(다진) … 1/2쪽
양파(중간 크기, 다진) … 1/2개
소금 … 2/3작은술
토마토 퓌레 … 1+1/2큰술

●파우더 향신료
　레드칠리파우더 … 1/3작은술
　터메릭 … 1/3작은술
　코리앤더파우더 … 1+1/2작은술
　커민파우더 … 1작은술
　가람마살라 … 1/4작은술
물 … 200㎖
버터 … 10g
다진 돼지고기 … 150g
건새우 … 2큰술
새우살(큰 것, 냉동도 가능) … 150g
토마토케첩 … 1큰술
고수(다진) … 적당량

만드는 방법

1 프라이팬에 오일을 둘러 중불로 가열하고, 홀 향신료를 넣어 향이 날 때까지 볶는다.
2 마늘과 생강을 넣어 살짝 볶고, 양파와 소금을 넣은 후 양파가 너구리색(P.17)이 될 때까지 볶는다.
3 토마토 퓌레를 넣고, 수분이 없어질 때까지 볶는다.
4 약불로 줄이고 파우더 향신료를 넣어 충분히 볶는다. 물을 부어 한소끔 끓인 후, 5분 정도 약불로 졸인다.

5 다른 프라이팬에 버터를 중불로 가열하고, 다진 돼지고기를 넣어 구운 색이 들 때까지 볶는다. 건새우와 새우살을 넣고, 새우 표면이 붉어질 때까지 볶은 후 토마토케첩을 넣고 1분 정도 볶는다.
6 4에 5를 넣고 고수를 더한 후 3분 정도 약불로 끓인다.

191 ——— 참기름과 화자오의 향이 가득한 만두가 입에 쏙!

만두 카레

재료(2인분)

오일 … 1+1/2큰술
●홀 향신료
　커민시드 … 1/4작은술
　코리앤더시드 … 1/4작은술
　팔각 … 1/2개
　화자오 … 1/2작은술
마늘(다진) … 1쪽
생강(다진) … 1쪽
대파(흰 부분은 1㎝ 폭으로 둥글게 썰고, 푸른 부분은 다진) … 1줄기
두반장 … 1/2작은술

●파우더 향신료
　터메릭 … 1/4작은술
　레드칠리파우더 … 1/3작은술
　코리앤더파우더 … 1작은술
　커민파우더 … 1/2작은술
　후추 … 1/8작은술
●닭뼈육수
　닭뼈육수 가루 … 1큰술
　뜨거운 물 … 500㎖
간장 … 1작은술
물만두(시판품) … 1팩
참기름 … 2작은술

만드는 방법

1 프라이팬에 오일을 둘러 중불로 가열하고, 홀 향신료를 넣어 향이 날 때까지 볶는다.
2 마늘, 생강, 대파 흰 부분을 넣고 대파가 숨이 죽을 때까지 볶는다.
3 약불로 줄이고 두반장과 파우더 향신료를 넣어 충분히 볶는다.

4 닭뼈육수와 간장을 넣어 한소끔 끓인 후, 만두를 넣고 3분 정도 약불로 끓인다.
5 대파의 푸른 부분과 참기름을 넣고 섞는다.

베이컨 & 소시지 & 감자 드라이카레

재료(2인분)

오일 … 2큰술
● 홀 향신료
　커민시드 … 1/4작은술
　펜넬 … 1/3작은술
　셀러리시드 … 1/4작은술
양파(중간 크기, 슬라이스한) … 1/2개
소금 … 1/2작은술
마늘(간) … 2쪽
생강(간) … 1/2쪽
토마토 퓌레 … 1큰술
● 파우더 향신료
　레드칠리파우더 … 1/2작은술
　터메릭 … 1/3작은술
　코리앤더파우더 … 1+1/2작은술
　커민파우더 … 1/2작은술
　가람마살라 … 1/2작은술
버터 … 10g
감자(큰 것, 가로세로 2㎝로 깍둑썰기한) … 1개
물 … 100㎖
올리브오일 … 2작은술
베이컨(덩어리, 1㎝ 폭으로 썬) … 50g
소시지(1㎝ 폭으로 썬) … 3개
굵은 후추 … 1/3작은술
파슬리(다진) … 1큰술

만드는 방법

1　프라이팬에 오일을 둘러 중불로 가열하고, 홀 향신료를 넣어 향이 날 때까지 볶는다.

2　양파와 소금을 넣고 너구리색(P.17)이 될 때까지 볶는다.

3　마늘과 생강을 넣어 살짝 볶고, 토마토 퓌레를 넣어 수분이 없어질 때까지 볶는다.

4　약불로 줄이고, 파우더 향신료를 넣어 충분히 볶는다.

5　버터와 감자를 넣고, 표면에 구운 색이 들 때까지 중불로 볶는다. 물을 붓고 뚜껑을 덮어, 감자가 부드러워질 때까지 약불로 끓인다.

6　다른 프라이팬에 올리브오일을 둘러 약한 중불로 가열하고, 베이컨 표면에 노릇하게 구운 색이 들 때까지 볶는다. 소시지를 넣고 익을 때까지 볶은 후, 후추를 뿌린다.

7　5에 6을 넣고, 수분이 없어질 때까지 약불로 볶는다. 파슬리를 뿌려 마무리한다.

——— 밀키한 굴의 감칠맛이 입안 가득 퍼진다

굴 버터토마토소스 카레

재료(2인분)

버터 … 40g
양파(다진) … 100g
소금 … 2/3작은술
마늘(간) … 2쪽
생강(간) … 1/2쪽
꽈리고추(다진) … 1개
카레가루 … 2작은술
토마토 퓌레 … 80g
물 … 150㎖

굴(껍데기 제거, 가열용) … 200g
화이트와인 … 1큰술
우유 … 50㎖
생크림 … 30㎖

만드는 방법

1. 프라이팬에 버터 30g을 약불로 가열하고, 양파와 소금을 넣어 족제비색(P.17)이 될 때까지 볶는다.
2. 마늘, 생강, 고추를 넣고 풋내가 없어질 때까지 1분 정도 중불로 볶는다.
3. 카레가루를 넣어 1분 정도 볶고, 토마토 퓌레와 물을 넣어 한소끔 끓인 후 5분 정도 약불로 졸인다.
4. 다른 프라이팬에 버터 10g을 약불로 가열하고, 굴을 구운 색이 들 때까지 중불로 볶는다. 화이트와인을 넣고 끓여 알코올을 날린다. 우유를 넣고 3분 정도 약불로 끓인다.
5. 3에 4를 넣고, 생크림을 더한 후 2분 정도 약불로 끓인다.

——— 토마토 듬뿍 베이스에 해산물을 넣은

문어 & 오징어 & 토마토 코코넛카레

재료(2인분)

오일 … 2큰술
●홀 향신료
　머스터드시드 … 1/3작은술
　커민시드 … 1/3작은술
　펜넬시드 … 1/3작은술
마늘(다진) … 2쪽
생강 … 1쪽
꽈리고추(다진) … 1개
양파(중간 크기, 굵게 다진) … 1/2개
소금 … 2/3작은술
토마토 퓌레 … 1큰술

●파우더 향신료
　레드칠리파우더 … 1/3작은술
　터메릭 … 1/2작은술
　코리앤더파우더 … 2작은술
물 … 80㎖
코코넛밀크 … 120㎖
문어(토막썰기한) … 100g(냉동도 가능)
오징어(둥글게 썬) … 100g(냉동도 가능)
토마토(가로세로 2㎝로 깍둑썰기한)
… 1/2개
고수(다진) … 30g

만드는 방법

1. 프라이팬에 오일을 둘러 중불로 가열하고, 홀 향신료를 넣어 향이 날 때까지 볶는다.
2. 마늘, 생강, 꽈리고추를 넣고 살짝 볶은 후, 양파와 소금을 넣어 족제비색(P.17)이 될 때까지 볶는다.
3. 토마토 퓌레를 넣고 1분 정도 볶는다.
4. 약불로 줄이고 파우더 향신료를 넣어 충분히 볶는다.
5. 물과 코코넛밀크를 넣어 한소끔 끓인 후, 문어와 오징어를 넣고 5분 정도 약불로 졸인다.
6. 토마토와 고수를 넣고, 끓어오르지 않게 저어가며 3분 정도 졸인다.

향신료 카레

연어 & 만가닥버섯 두유 카레

재료(2인분)

오일 … 2큰술
●홀 향신료
  홍고추 … 1개
  호로파시드 … 1/4작은술
  머스터드시드 … 1/2작은술
  펜넬시드 … 1/2작은술
꽈리고추(둥글게 썬) … 1개
양파(중간 크기, 슬라이스한) … 1/2개
소금 … 2/3작은술
마늘(간) … 1+1/2쪽
생강(간) … 1/2쪽

●파우더 향신료
  터메릭파우더 … 1/2작은술
  커민파우더 … 1/2작은술
  코리앤더파우더 … 2작은술
물 … 100㎖
두유 … 100㎖
버터 … 10g
연어(토막썰기한) … 2~4토막(200g)
만가닥버섯(작은 송이로 나눈)
  … 1/2팩(50g)

만드는 방법

1 프라이팬에 오일을 둘러 중불로 가열하고, 홀 향신료를 넣어 향이 날 때까지 볶는다.
2 꽈리고추, 양파, 소금을 넣고 양파가 족제비색(P.17)이 될 때까지 볶는다.
3 마늘과 생강을 넣고 풋내가 없어질 때까지 1분 정도 볶는다.
4 약불로 줄이고, 파우더 향신료를 넣어 충분히 볶는다.

5 물과 두유를 넣고, 끓어오르지 않게 저어가며 3분 정도 약불로 졸인다.
6 다른 프라이팬에 버터를 약불로 가열하고, 연어와 만가닥버섯을 넣어 표면에 구운 색이 들 때까지 굽는다.
7 5에 6을 넣고, 저으면서 2분 정도 약불로 끓인다.

렌즈콩 & 병아리콩 코코넛카레

재료(2인분)

오일 … 2큰술
마늘(다진) … 1쪽
생강(다진) … 1/2쪽
꽈리고추(둥글게 썬) … 1개
양파(중간 크기, 다진) … 1/2개
소금 … 2/3작은술
토마토 퓌레 … 1큰술
●파우더 향신료
  레드칠리파우더 … 1/3작은술
  터메릭 … 1/2작은술
  코리앤더파우더 … 2작은술
  커민파우더 … 1/2작은술
  호로파시드 … 1/4작은술

렌즈콩(통조림) … 100g
병아리콩(통조림) … 100g
물 … 50㎖
코코넛밀크 … 150㎖
고수(다진) … 1포기
레몬즙 … 1/2작은술

만드는 방법

1 프라이팬에 오일을 둘러 중불로 가열하고 마늘, 생강, 꽈리고추를 넣어 살짝 볶은 후 양파와 소금을 넣어 족제비색(P.17)이 될 때까지 볶는다.
2 토마토 퓌레를 넣고 수분이 없어질 때까지 볶는다.

3 약불로 줄이고, 파우더 향신료를 넣어 충분히 볶는다.
4 렌즈콩, 병아리콩, 물, 코코넛밀크를 넣고 한소끔 끓인다. 고수를 넣어 5분 정도 약불로 졸이고, 레몬즙을 살짝 섞는다.

닭 간 & 오렌지 토마토소스 카레

재료(2인분)

오일 … 2큰술
꽈리고추(다진) … 1개
양파(큰 것, 슬라이스한) … 1/2개
소금 … 2/3작은술
홀토마토 통조림(토마토와 즙을 나누고, 토마토는
으깬) … 1/2캔
카레가루 … 1큰술
올리브오일 … 2작은술
마늘(다진) … 1쪽
생강(다진) … 1쪽
닭 간(깨끗이 씻어 혈합육을 제거한 후 2등분한)
… 200g
오렌지주스 … 60㎖

만드는 방법

1 프라이팬에 오일을 둘러 중불로 가열하고 꽈리고추, 양파, 소금을 넣어 양파가 너구리색(P.17)이 될 때까지 볶는다.
2 토마토 통조림의 토마토를 넣고, 수분이 없어질 때까지 10분 정도 볶는다.
3 약불로 줄이고 카레가루를 넣어, 전체가 잘 어우러지게 충분히 볶은 후 토마토 통조림의 토마토즙을 넣고 5분 정도 약불로 끓인다.
4 다른 프라이팬에 올리브오일을 둘러 중불로 가열하고, 마늘과 생강을 넣어 향이 날 때까지 약불로 볶는다. 닭 간을 넣어 표면의 색이 변할 때까지 볶는다.
5 3에 4를 넣고 오렌지주스를 더한 후, 끓어오르지 않게 저어가며 10분 정도 약불로 졸인다.

등심 스테이크 레드와인소스 카레

재료(2인분)

오일 … 2큰술
● 홀 향신료
  카다몬 홀 … 2개
  정향 홀 … 3개
  월계수잎 … 1장
꽈리고추(다진) … 1개
양파(중간 크기, 슬라이스한) … 1/2개
소금 … 2/3작은술
마늘(1쪽은 갈고, 나머지는 1mm 폭으로 슬라이스한)
… 1+1/2쪽
생강(간) … 1/2쪽
토마토 퓌레 … 2큰술
● 파우더 향신료
  레드칠리파우더 … 1/3작은술
  터메릭 … 1/3작은술
  커민파우더 … 1/2작은술
  코리앤더파우더 … 1작은술
  파프리카파우더 … 1/2작은술
  가람마살라 … 1/2작은술
버터 … 15g
등심 스테이크(소금, 후추를 뿌려둔) … 2장(300g)
레드와인 … 80㎖
물 … 180㎖
흑설탕 … 2작은술
간장 … 1작은술

만드는 방법

1 프라이팬에 오일을 둘러 중불로 가열하고, 홀 향신료를 넣어 향이 날 때까지 볶는다.
2 꽈리고추를 넣고 살짝 볶은 후, 양파와 소금을 넣어 너구리색(P.17)이 될 때까지 볶는다.
3 간 마늘과 생강을 넣고, 풋내가 없어질 때까지 1분 정도 볶은 후 토마토 퓌레를 넣어 수분이 없어질 때까지 볶는다.
4 약불로 줄이고, 파우더 향신료를 넣어 전체가 잘 어우러질 때까지 볶는다.
5 다른 프라이팬에 버터를 약불로 가열하고, 마늘 슬라이스를 넣어 향이 날 때까지 볶는다. 등심 스테이크를 넣고 원하는 정도로 구운 후 꺼낸다.
6 빈 프라이팬에 레드와인을 넣고 끓여 알코올을 날린다. 4를 넣고 물, 흑설탕, 간장을 넣어 다시 한소끔 끓인 후 중간중간 저어가며 10분 정도 약불로 졸인다.
7 등심 스테이크를 먹기 좋은 크기로 썰어 그릇에 담고, 그 위에 6을 얹는다

소힘줄 & 무 카레

재료(2인분)

무(껍질을 벗겨서 두께 3㎝ 은행잎모양으로 썬)
… 120g
소힘줄 … 200g
정종 … 2큰술
오일 … 2큰술
커민시드 … 1/2작은술
양파(중간 크기, 슬라이스한) … 1/2개

소금 … 1/2작은술
마늘(간) … 1쪽
생강(간) … 1/2쪽
토마토 퓌레 … 2큰술
카레가루 … 1큰술
간장 … 2작은술

밑준비

무와 소힘줄을 삶는다.

1 냄비에 무와 물 1ℓ(분량 외)를 넣어, 센불로 한소끔 끓이고 약불로 줄인 후 5분 정도 삶는다. 무를 꺼내고 물기를 제거해 둔다.
2 무 삶은 물에 소힘줄을 넣어 한소끔 끓인 후, 거품을 걷어내고 10분 정도 약불로 삶는다. 소힘줄을 꺼내서 흐르는 물에 씻은 후 먹기 좋은 크기로 썬다.
3 삶은 국물을 버리고, 씻은 냄비에 소힘줄, 정종, 물 1ℓ(분량 외)를 넣어 한소끔 끓인다. 거품을 걷어가며 1시간 정도 약불로 삶은 후, 소힘줄과 삶은 국물을 나누어 둔다.

만드는 방법

1 프라이팬에 오일을 둘러 중불로 가열하고, 커민시드를 넣어 향이 날 때까지 볶는다.
2 양파와 소금을 넣고 너구리색(P.17)이 될 때까지 볶는다.
3 마늘과 생강을 넣어 풋내가 없어질 때까지 1분 정도 볶은 후, 토마토 퓌레를 넣고 수분이 없어질 때까지 볶는다.
4 약불로 줄이고, 카레가루를 넣어 전체가 잘 어우러질 때까지 볶는다.
5 무, 소힘줄, 소힘줄 삶은 물 500㎖(부족하면 뜨거운 물을 넣어 총 500㎖를 만든다), 간장을 넣고 소힘줄이 부드러워질 때까지 1시간 이상 약불로 끓인다. 중간에 수분이 부족하면 뜨거운 물(분량 외)을 보충한다.

미소 요구르트절임 곱창 카레

재료(2인분)

돼지곱창(흰곱창) … 200g
●마리네이드액
　맛술 … 2큰술
　미소 … 1+1/2큰술
　요구르트 … 3큰술
　마늘(간) … 1쪽
　카레가루 … 2작은술
오일 … 2큰술
●홀 향신료
　커민시드 … 1/3작은술
　홍고추(둥글게 썬) … 1/3작은술
꽈리고추(둥글게 썬) … 1개
생강(채썬) … 1쪽
양파(중간 크기, 다진) … 1/2개
토마토 퓌레 … 1큰술
가람마살라 … 1+1/2작은술
●가츠오다시
　가츠오다시 가루 … 1작은술
　뜨거운 물 … 200㎖

만드는 방법

1 냄비에 물을 넉넉히 넣어 끓인 후 돼지곱창을 삶아 누린내를 제거한다. 한 김 식으면 마리네이드액 재료와 함께 지퍼백에 담아, 냉장고에 2시간 정도 마리네이드한다.
2 프라이팬에 오일을 둘러 중불로 가열하고, 홀 향신료를 넣어 향이 날 때까지 볶는다.
3 꽈리고추와 생강을 넣어 살짝 볶은 후 양파를 넣고 족제비색(P.17)이 될 때까지 볶는다.
4 토마토 퓌레를 넣고 수분이 없어질 때까지 볶는다.
5 약불로 줄이고 가람마살라를 넣어 충분히 볶는다.
6 다른 프라이팬에 오일(분량 외)을 둘러 가열하고, 곱창을 마리네이드액째 넣어 익을 때까지 15분 정도 약불로 뭉근히 끓인다.
7 5 에 6 을 넣고, 가츠오다시를 부어 한소끔 끓인 후 중간중간 저어가며 10분 정도 약불로 졸인다.

샨카르 노구치

카레전문 레시피 개발그룹 「틴 팬 카레」에서 「북인도 카레」를 담당하고 있다. 리치한 맛으로 정평이 나 있는 북인도 카레를 총괄 개발한다. 일인(일본과 인도) 혼합 요리단체 「도쿄 향신료 반장」의 리더이자, 향신료 헌터 겸 무역상이기도 하다.

북인도 펀자브주 출신의 할아버지가 시작한 향신료 무역을 3대째 계승하고 있다. 인도에서 질 좋은 향신료를 공급받아, 주로 일본 내 인도 음식점을 비롯해 다양한 레스토랑에 제공한다. 각 분야의 셰프들에게 두터운 신뢰를 받고 있다. 젊었을 때는 미국 서해안에 살았고, 현재는 인도 이외에도 해외를 활발히 여행하며 아직 경험하지 못한 향신료를 찾아다니고 있다.

샨카르 노구치가 만드는 요리의 특징은 농후한 감칠맛을 띤다는 것이다. 유제품이나 견과류 등을 이용해, 밥뿐 아니라 빵에도 잘 어울리는 카레를 개발해 가는 중이다. 섬세한 레시피 개발과 철저한 밑준비를 통해 요리에 안정감이 느껴지는 점도 특징이다. 사적으로 미식가 커뮤니티와 관계가 깊고, 그의 주위에는 항상 '맛있는 요리'를 찾는 사람과 정보가 모여들어 화려한 인상을 준다. 개인적으로 그런 세계와 인연이 없어서인지, 항상 손가락만 빨며 지켜보는 중이다. (미즈노 진스케)

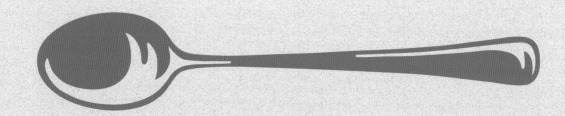

Part

4

인도 카레

인도 카레는 음식점에서 먹는 거라고?

향신료만 준비되면

제대로 된 인도 카레를 집에서도 만들 수 있다!

달, 라삼, 비리야니 등

인도 레스토랑에서 접할 수 있는 메뉴도 소개한다.

버터치킨

재료(2인분)

닭다리살 … 200g
●마리네이드액
　요구르트 … 150g
　탄두리 치킨파우더 … 2작은술
　마늘(간) … 1쪽
　생강(간) … 1쪽
식용유 … 1큰술
●홀 향신료
　시나몬스틱 … 1개
　카다몬 홀 … 3개
　정향 홀 … 4개
　월계수잎 … 1장

토마토(가로세로 1㎝로 깍둑썰기한) … 2개
버터 … 80g
●파우더 향신료
　커민파우더 … 2작은술
　파프리카파우더 … 1작은술
　코리앤더파우더 … 1작은술
　터메릭 … 1/3작은술
소금 … 1작은술
토마토주스 … 200㎖
●마무리 향신료
　가람마살라 … 1/2작은술
　카수리메티 … 2작은술
생크림 … 적당량

만드는 방법

1　마리네이드용 요구르트는 커피 필터 등을 사용해 물기를 제거해 둔다. 닭다리살은 껍질을 제거해 한입크기로 썬다.

 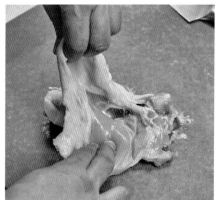

2　볼에 닭다리살과 마리네이드액 재료를 넣고, 골고루 섞은 후 2시간 정도 냉장고에 재운다.

3 냄비에 식용유를 둘러 중불로 가열하고, 홀
향신료를 넣어 향유를 만든다.

4 토마토를 넣고 7분 정도 약한 중불로 끓인다.

5 **4**를 체로 거른다. 체 위에 남은 찌꺼기는 버
린다.

POINT
잡미가 없어져 고급스러운 맛이 된다.

6 냄비에 버터를 중불로 가열하고, **2**를 마리
네이드액째 넣어 볶는다.

7 닭다리살을 표면 전체의 색이 변할 때까지
볶고, **5**를 넣어 3분 정도 끓인다.

8 파우더 향신료와 소금을 넣고 볶는다.

9 토마토주스를 넣고 1분 정도 센 중불로 끓인
다. 뚜껑을 덮고 20분 정도 약불로 졸인다.

10 뚜껑을 열고, 마무리 향신료를 더해 2분 정
도 중불로 끓인 후 소금(분량 외)으로 간을
한다. 그릇에 담고, 생크림을 두른다.

치킨 도 피아자

재료(2인분)

양파(중간 크기, 1/2개는 결 방향으로 4등분한)
… 1+1/2개
요구르트 … 70g
방울토마토 … 4개
카놀라유 … 2큰술
● 홀 향신료
  카다몬 홀 … 3개
  커민시드 … 1/2작은술
  코리앤더시드(가볍게 으깬) … 1/2작은술
마늘(간) … 1쪽
생강(간) … 1쪽
● 파우더 향신료
  커민파우더 … 2작은술
  코리앤더파우더 … 1작은술
  터메릭 … 1/2작은술
  레드칠리파우더 … 1/2작은술
소금 … 1작은술
닭다리살(한입크기로 썬) … 200g
가람마살라 … 1/2작은술
고수(다진) … 1큰술

만드는 방법

1 양파 1개, 요구르트, 방울토마토, 물 50㎖(분량 외)를 푸드프로세서로 갈아 페이스트 상태를 만든다.

2 프라이팬에 카놀라유를 둘러 센불로 가열하고, 양파 1/2개를 넣어 노릇하게 구운 색이 들 때까지 볶은 후 볼에 담아 둔다.

3 빈 프라이팬을 중불로 달군 후 홀 향신료를 넣어 향유를 만든다. 마늘과 생강을 넣고 섞어가며 30초 정도 볶는다. 향이 나면 **1**을 넣고 5분 정도 끓여 잘 어우러지게 한다.

4 파우더 향신료와 소금을 넣고 3분 정도 약한 중불로 볶는다. 중불로 올린 후 닭다리살을 넣고 3분 정도 볶는다. 물 50㎖(분량 외)를 넣어 한소끔 끓인 후 약한 중불로 줄이고, 뚜껑을 덮어 15분 정도 졸인다. 중간중간 냄비 바닥을 젓는다.

5 뚜껑을 열고, 가람마살라와 고수를 넣어 1분 정도 섞는다. 소금(분량 외)으로 간을 한 후 **2**의 양파를 넣어 가볍게 섞는다.

치킨 잘프레지

재료(2인분)

카놀라유 ··· 2큰술
양파(작은 것, 슬라이스한) ··· 1개
풋고추(굵게 다진) ··· 2개
고수(줄기과 잎을 다진) ··· 3줄기
마늘(간) ··· 1쪽
생강(간) ··· 1쪽
토마토 퓌레 ··· 5큰술
●파우더 향신료
　커민파우더 ··· 2작은술
　코리앤더파우더 ··· 1작은술
　파프리카파우더 ··· 1작은술
　터메릭 ··· 1작은술
　핫 가람마살라 ··· 1작은술
　레드칠리파우더 ··· 1/3작은술
소금 ··· 1작은술
닭가슴살(가로세로 2~3㎝로 깍둑썰기한) ··· 300g
파프리카(한입크기로 썬) ··· 1개
물 ··· 50㎖
카수리메티 ··· 1큰술

만드는 방법

1　프라이팬에 카놀라유를 둘러 센 중불로 가열하고 양파, 풋고추, 고수 줄기를 넣어 전체에 노릇하게 구운 색이 들 때까지 굽는다.
2　마늘과 생강을 넣어 1분 정도 중불로 볶다가 약한 중불로 줄인 후 토마토 퓌레, 파우더 향신료, 소금을 넣고 3분 정도 볶는다.
3　닭가슴살과 파프리카를 넣고 닭가슴살 표면이 익을 때까지 중불로 볶은 후 물을 붓고 전체를 섞는다. 뚜껑을 덮고 약한 중불로 15분 정도 졸인다. 중간중간 뚜껑을 열어 냄비 바닥을 젓는다.
4　카수리메티와 고수 잎을 넣고 2분 정도 볶는다. 닭가슴살이 익으면 소금(분량 외)으로 간을 한다.

인도 카레

아프간식 치킨 카레

재료(2인분)

양파(작은 것) ··· 1개
마늘 ··· 2쪽
생강 ··· 1쪽
풋고추(2등분한) ··· 2개
고수(다진) ··· 1큰술
닭날개(뼈를 따라 칼집을 내고, 포크로 껍질을 골고루 찌른) ··· 4개
●마리네이드액
　후추 ··· 1/4작은술
　소금 ··· 1/2작은술
　카수리메티 ··· 1큰술
　가람마살라 ··· 1/3작은술
　요구르트 ··· 80g
　생크림 ··· 30㎖
　레몬즙 ··· 1큰술
버터 ··· 30g
가람마살라 ··· 1/5작은술

만드는 방법

1　양파, 마늘, 생강, 풋고추, 고수, 물 조금(분량 외)을 푸드프로세서로 갈아 페이스트 상태를 만든다.
2　닭날개에 마리네이드액 재료와 1을 뿌려 전체를 섞은 후 2시간 정도 둔다.
3　프라이팬에 버터를 중불로 가열한 후 2의 닭날개를 올리고, 뒤집어가며 모든 면이 익을 때까지 굽는다. 마리네이드액은 버리지 않고 보관해 둔다.
4　3에서 남은 마리네이드액을 넣어 골고루 저은 후, 끓기 시작하면 약불로 줄인다. 물 80㎖(분량 외)를 붓고 섞은 후, 뚜껑을 덮어 20분 정도 끓인다.
5　뚜껑을 열어 가람마살라를 뿌리고, 소금(분량 외)으로 간을 한 후 2분 정도 끓인다.

차나마살라

재료(2인분)

병아리콩(건조) … 1/2컵
소금 … 2작은술
레드칠리파우더 … 1/3작은술
카놀라유 … 2큰술
커민시드 … 1/2작은술
양파(중간 크기, 다진) … 1/2개
마늘(간) … 1쪽
생강(간) … 1/2쪽
토마토(중간 크기, 가로세로 1㎝로 깍둑썰기하고 토핑용으로 조금 남겨둔) … 1/2개
풋고추(다진) … 1개
●파우더 향신료
　코리앤더파우더 … 1작은술
　커민파우더 … 1작은술
　터메릭 … 1/2작은술
　레드칠리파우더 … 1/6작은술
　파프리카파우더 … 1작은술
　차트마살라 … 1/3작은술(있는 경우)
물 … 75㎖
레몬즙 … 1/2개 분량
고수(다진, 토핑용으로 조금 남겨둔) … 1줄기

만드는 방법

1　병아리콩은 4시간 이상(가능하면 하룻밤) 물에 담가 불린다. 물기를 빼고 냄비에 담아 물 1ℓ(분량 외), 소금 1작은술, 레드칠리파우더를 넣은 후 병아리콩이 부드러워질 때까지 8~10분 센 중불로 삶고 체에 올려둔다.

2　냄비에 카놀라유를 둘러 센 중불로 가열하고, 커민시드를 넣어 커민이 톡톡 튀는 소리가 나지 않을 때까지 볶는다. 양파를 넣고 여우색이 들 때까지 더 볶는다.

3　마늘과 생강을 넣고 볶아, 향이 나면 토마토와 풋고추를 넣는다.

4　토마토가 끓어 페이스트 상태가 되면 약불로 줄이고, 파우더 향신료와 소금 1작은술을 넣어 3분 정도 볶는다.

5　1을 넣고, 병아리콩을 가볍게 으깨면서 중불로 2분 정도 볶는다. 물, 레몬즙, 고수를 넣고 8분 정도 볶은 후 소금(분량 외)으로 간을 한다. 그릇에 담고, 토핑용 고수와 토마토를 올린다.

인도 카레

달 타르카

재료(2인분)

뭉 달(물에 20분 불린) … 1컵
버터 … 15g
식용유 … 1큰술
● 홀 향신료
  커민시드 … 1작은술
  홍고추 … 2개
마늘(다진) … 1쪽
생강(다진) … 1쪽

양파(중간 크기, 다진) … 1/2개
토마토(중간 크기, 가로세로 1㎝로 깍둑썰기한) … 1/2개
풋고추(다진) … 1개
● 파우더 향신료
  터메릭 … 1/2작은술
  레드칠리파우더 … 1/4작은술
소금 … 2/3작은술
고수(다진) … 2줄기

만드는 방법

1 냄비에 뭉 달과 물 500㎖(분량 외)를 담아 중불로 끓이며 거품을 제거한다. 약한 중불로 줄여 터메릭 1/3작은술(분량 외)과 소금 1/4작은술(분량 외)을 넣고 중간중간 저어가며 15분 정도 끓인다. 다 익으면 불을 끈다.
2 프라이팬에 버터와 식용유를 둘러 센 중불로 가열하고 홀 향신료, 마늘, 생강을 넣어 노릇해질 때까지 볶는다.
3 양파를 넣고 여우색이 될 때까지 볶는다. 탈 것 같으면 물 1큰술(분

량 외)을 넣는다.
4 토마토와 풋고추를 넣고 중불로 2분 정도 볶는다. 파우더 향신료와 소금을 넣고 약불로 2분 정도 더 볶는다.
5 1에 4를 넣어 한소끔 끓이고, 약한 중불로 줄인 후 저어가며 걸쭉해질 때까지 끓인다. 고수를 넣고 섞은 후 1분 정도 끓인다.

소고기 & 완두콩 카레

재료(2인분)

버터 … 2큰술
● 홀 향신료
  시나몬스틱 … 1개
  정향 홀 … 4개
  카다몬 홀 … 3개
양파(작은 것, 다진) … 1개
마늘(간) … 1쪽
생강(간) … 1쪽
토마토(중간 크기, 가로세로 1㎝로 깍둑썰기한) … 1개
풋고추(다진) … 2개
● 파우더 향신료
  터메릭 … 1/2작은술
  코리앤더파우더 … 2작은술
  커민파우더 … 2작은술

레드칠리파우더 … 1/3작은술
소금 … 1작은술
다진 소고기 … 250g
요구르트 … 200g
물 … 50㎖
완두콩 통조림(씻어서 체에 올려둔) … 1캔(90g)
● 마무리 향신료
  가람마살라 … 1작은술
  고수(다진) … 2줄기
● 토핑
  생강(채썬) … 적당량
  풋고추(채썬) … 1개

만드는 방법

1 깊은 프라이팬에 버터를 둘러 중불로 가열하고, 홀 향신료를 넣어 카다몬이 통통하게 부풀어 오를 때까지 볶는다.
2 양파를 넣고 여우색이 될 때까지 센 중불로 볶는다. 마늘, 생강, 물 2큰술(분량 외)을 넣고 볶는다.
3 토마토와 풋고추를 넣고 토마토가 으깨져 전체가 페이스트 상태가 될 때까지 볶는다. 약불로 줄이고 파우더 향신료, 소금, 물 1큰술(분량 외)을 넣어 2분 정도 골고루 저어가며 볶는다.
4 중불로 올리고, 다진 소고기를 넣어 골고루 저어가며 볶는다. 요구르트와 물을 넣고 섞어, 끓으면 뚜껑을 덮은 후 약불로 10분 정도 졸인

다. 완두콩을 넣어 섞고, 다시 뚜껑을 덮어 3분 정도 끓인다.
5 뚜껑을 열고, 마무리 향신료를 넣어 2분 정도 저으면서 끓인 후 소금(분량 외)으로 간을 한다. 그릇에 담고, 토핑용 생강과 풋고추를 올린다.

달 마카니

재료(2인분)

우라드 달(검정 렌틸콩) … 100g
버터 … 30g
양파(작은 것, 슬라이스한) … 1개
마늘(다진) … 2쪽
생강(다진) … 1쪽
토마토 퓌레 … 2큰술
소금 … 1/2작은술
레드칠리파우더 … 1/4작은술~
우유 … 150㎖
생크림 … 적당량

만드는 방법

1 깊은 냄비에 우라드 달을 담고, 맑은 물이 나올 때까지 물을 갈아가며 깨끗이 씻는
   다. 물을 제거해 깊은 볼에 담고 2시간 이상 불린다.
2 물기를 제거한 우라드 달을 다시 냄비에 담고, 달의 1㎝ 위까지 물(분량 외)을 부은
   후 콩이 부드러워질 때까지 중불로 45분 정도 삶는다. 불순물과 거품이 올라오면
   걷어낸다. 부드러워지기 전에 물이 부족하면 적당량(분량 외)을 더한다.
3 다른 냄비에 버터를 중불로 가열하고, 양파를 넣어 구운 색이 들 때까지 센 중불로
   볶는다. 마늘과 생강을 넣고 2분 정도 중불로 볶는다. 토마토 퓌레, 소금, 레드칠리
   파우더를 넣고 전체가 잘 어우러지게 섞는다.
4 2의 냄비에 3과 우유를 넣고 중불로 끓인다. 한소끔 끓으면, 약불로 줄이고 30분
   정도 저어가며 삶는다.
5 걸쭉해지면 소금(분량 외)으로 간을 하고, 매운맛이 부족하면 레드칠리파우더를
   더한다. 그릇에 담고 생크림을 두른다.

빈디 피아자

재료(2인분)

식용유 … 1큰술
양파(중간 크기, 다진) … 1개
풋고추(씨 제거 후 다진) … 2개
●파우더 향신료
  커민파우더 … 1작은술
  터메릭 … 1/2작은술
소금 … 2/3작은술
오크라(묽은 소금물에 10분 정도 담근 후, 폭 5㎜로 둥글게 썬) … 10개

만드는 방법

1 프라이팬에 식용유를 둘러 중불로 가열하고, 양파를 넣어 5분 정도 볶는다.
2 풋고추, 파우더 향신료, 소금을 넣고 1분 정도 볶은 후 오크라와 물 1큰술(분량 외)
   을 더해, 전체에 구운 색이 들 때까지 굽는다.

매콤새콤한 소스가 가지와 잘 어울리는

다히 바이간

재료(2인분)

홍화유 … 4큰술
가지(5mm 폭으로 둥글게 썬) … 2개
●향신료 믹스
　카다몬 홀 … 2개
　펜넬시드 … 1/3작은술
　터메릭 … 1/3작은술
　진저파우더 … 1/3작은술
　아사푀티다 … 조금
소금 … 1/2작은술
요구르트 … 160g

만드는 방법

1　프라이팬에 홍화유 3큰술을 둘러 중불로 가열하고, 가지를 넣어 양쪽 면을 노릇하게 굽는다. 키친타월에 올려 양쪽 면의 기름기를 제거한다. 프라이팬에 남은 오일은 그대로 둔다.
2　1의 프라이팬에 홍화유 1큰술, 향신료 믹스, 소금을 넣고 중불로 가열하여 카다몬이 통통하게 부풀어 오를 때까지 볶는다. 요구르트를 넣고 3분 정도 약한 중불에서 섞는다.

3　약불로 줄인 후 소금(분량 외)으로 간을 한다. 골고루 저어 걸쭉해지면 불을 끈다.
4　그릇에 가지를 담고, 3을 얹는다.

걸쭉한 가지의 맛을 마음껏 맛보는

바이간 바르타

재료(2인분)

가지 … 3개
카놀라유 … 2큰술
커민시드 … 1/2작은술
고수(줄기와 잎을 다진) … 2줄기
양파(다진) … 1개
마늘(간) … 2쪽
생강(간) … 1쪽
토마토(가로세로 1㎝로 깍둑썰기한)
… 1개

●파우더 향신료
　터메릭 … 1/2작은술
　칠리페퍼 … 1/4작은술
　코리앤더파우더 … 1큰술
소금 … 2/3작은술
레몬즙 … 1/2개 분량
핑크페퍼 … 10알(없는 경우 후춧가루 적당량을 뿌린다)

만드는 방법

1　가지에 칼집을 내고, 생선구이 그릴 등으로 10분 정도 굽는다. 껍질이 바삭하고 노릇해지면, 꼭지를 잘라내고 껍질을 벗긴 후 칼로 두들겨 굵게 다진다.
2　냄비에 카놀라유를 둘러 가열하고, 커민시드와 고수 줄기를 넣어 센 중불로 볶는다. 향이 나면, 양파를 넣고 여우색이 될 때까지 볶는다.

3　마늘과 생강을 넣고 30초 정도 볶는다.
4　토마토를 넣고 볶다가, 토마토가 으깨져 전체가 페이스트 상태가 되면 약불로 줄인 후 파우더 향신료와 소금을 넣는다.
5　1을 넣고 5분 정도 중불에 볶은 후, 고수 잎과 레몬즙을 넣고 2분 정도 볶는다. 소금(분량 외)으로 간을 한 후 그릇에 담고, 핑크페퍼를 뿌린다.

인도
카레

——— 아차르의 짭잘함과 감칠맛이 양고기에 듬뿍! 수제맥주와도 잘 어울리는

램 아차르

재료(2인분)

●양고기 삶기용 재료
　물 ··· 1ℓ
　소금 ··· 1작은술
　통후추 ··· 1작은술
　커민시드 ··· 1작은술
　홍고추 ··· 2개
양고기(목살, 한입크기로 썬)
··· 300g
카놀라유 ··· 2큰술
판치 포론※ ··· 1작은술
양파(작은 것, 슬라이스한)
··· 1개

마늘(간) ··· 1쪽
생강(간) ··· 1쪽
풋고추(다진) ··· 2개
토마토 퓌레 ··· 100g
●파우더 향신료
　커민파우더 ··· 1작은술
　코리앤더파우더 ··· 1작은술
　파프리카파우더 ··· 1작은술
　레드칠리파우더 ··· 1/2작은술
　소금 ··· 1작은술
믹스 피클(아차르) ··· 2큰술
요구르트 ··· 2큰술

●마무리 향신료
　카수리메티 ··· 2작은술
　핫 가람마살라 ··· 1/2작은술
고수(다진) ··· 적당량
※ 호로파, 니젤라, 커민, 펜넬 시드를
섞어서 만든 마살라의 한 종류.

만드는 방법

1 냄비에 양고기 삶기용 재료를 넣어 센불에 올리고, 끓으면 양고기를 넣은 후 20분 정도 삶아서 꺼내 둔다.
2 프라이팬에 카놀라유를 둘러 센 중불로 가열하고, 판치 포론을 넣어 30초 정도 볶는다. 양파를 넣어 여우색이 될 때까지 볶은 후 마늘, 생강, 풋고추를 넣고 1분 정도 더 볶는다.
3 토마토 퓌레를 넣고 2분 정도 중불로 볶은 후 파우더 향신료, 소금,

믹스 피클을 넣어 전체를 골고루 섞는다. 물 120㎖(분량 외)를 붓고, 끓으면 1을 넣는다.
4 10분 정도 약한 중불로 끓이고, 전체를 골고루 섞는다. 요구르트를 넣고 2분 정도 더 끓인다.
5 마무리 향신료를 넣고 1분 정도 끓인 후 소금(분량 외)으로 간을 한다. 그릇에 담고, 고수를 올린다.

——— 캐슈너트로 고소하고 부드러운 맛을 더한

램 코르마 카레

재료(2~3인분)

양고기(목살, 가로세로 3㎝로
깍둑썰기한) ··· 300g
●마리네이드액
　마늘(간) ··· 1쪽
　생강(간) ··· 1쪽
　요구르트 ··· 150g
　소금 ··· 1/2작은술
　가람마살라 ··· 1작은술
●캐슈너트 요구르트소스
　요구르트 ··· 60g

캐슈너트 ··· 50g
풋고추(1㎝ 폭으로 둥글게 썬)
··· 1개
흑설탕 ··· 1/2큰술
버터 ··· 3큰술
●홀 향신료
　시나몬스틱 ··· 1/2개
　카다몬 홀 ··· 2개
　정향 홀 ··· 3개
　팔각 ··· 1개

양파(중간 크기, 다진) ··· 1개
●파우더 향신료
　커민파우더 ··· 1작은술
　코리앤더파우더 ··· 2작은술
　소금 ··· 1/2작은술
고수(다진) ··· 1줄기
가람마살라 ··· 1작은술

만드는 방법

1 볼에 양고기와 마리네이드액 재료를 넣고 섞는다.
2 캐슈너트 요구르트소스의 재료를 믹서로 갈아 페이스트 상태로 만든다.
3 프라이팬에 버터와 홀 향신료를 넣고 중불로 가열하여, 카다몬이 통통하게 부풀 때까지 볶는다. 양파를 넣어 여우색이 될 때까지 센 중불로 볶는다.
4 약불로 줄이고 파우더 향신료와 소금을 넣는다. 전체가 잘 어우러지면 센 중불로 올리고 1을 마리네이드액째 넣어 고기 표면이 하얗게 될 때까지 볶는다.

5 중불로 줄이고 2와 물 100㎖(분량 외)를 넣는다. 끓으면 뚜껑을 덮고 40분 정도 약불로 졸인다. 중간중간 냄비 바닥을 저어준다.
6 뚜껑을 열고, 고수와 가람마살라를 넣어 섞은 후 소금(분량 외)으로 간을 한다.

인도
카
레

214 ——— 로간(오일)을 듬뿍 넣어 램과 향신료의 풍미를 살린
램 로간 조쉬

재료(2인분)

요구르트 … 250g
●마리네이드용 향신료
　가람마살라 … 2작은술
　파프리카파우더 … 1작은술
　레드칠리파우더 … 1/3작은술
양고기(목살, 한입크기로 썬) … 250g
카놀라유 … 100㎖
●홀 향신료
　시나몬스틱 … 1개
　카다몬 홀 … 3개
　통후추 … 5개
　월계수잎 … 1장

생강(간) … 1쪽
●파우더 향신료
　파프리카파우더 … 1큰술
　아사푀티다 … 1/3작은술
토마토 퓌레 … 100g

만드는 방법

1 볼에 요구르트를 담고, 크리미해질 때까지 거품기로 젓는다. 마리네이드용 향신료를 섞은 후 양고기를 버무려 2시간 이상 냉장고에 둔다.
2 프라이팬에 카놀라유와 홀 향신료를 센 중불로 가열하고, 1을 마리네이드액째 넣어 고기 표면을 노릇하게 굽는다. 생강과 파우더 향신료를 넣고 2분 정도 볶는다.

3 물 100㎖(분량 외)를 붓고, 끓으면 뚜껑을 덮어 40분 정도 약한 중불로 졸인다. 중간중간 냄비 바닥을 저어준다.
4 뚜껑을 열고, 토마토 퓌레를 넣어 10분 정도 중불로 끓인 후 소금(분량 외)으로 간을 한다.

215 ——— 뭉근히 끓여 진하고 걸쭉한 카레로 만든
램 부나

재료(2~3인분)

버터 … 30g
●홀 향신료
　카다몬 홀 … 3개
　월계수잎 … 2장
양파(중간 크기, 다진) … 1개
풋고추(다진) … 2개
마늘(간) … 2쪽
생강(간) … 1쪽
고수(다진, 토핑용으로 조금 남겨 둔) … 2큰술
토마토 퓌레 … 125㎖
생우유 요구르트 … 200g

●파우더 향신료
　커민파우더 … 1큰술
　코리앤더파우더 … 1큰술
　머스터드파우더 … 1작은술
　가람마살라 … 1/2작은술
　터메릭 … 1/2작은술
　레드칠리파우더 … 1/4작은술
　후추 … 1/3작은술
소금 … 1작은술
양고기(목살, 한입크기로 썬) … 400g
뜨거운 물 … 250㎖
라임즙 … 1개 분량

만드는 방법

1 프라이팬에 버터를 중불로 가열하고, 홀 향신료를 넣어 카다몬이 통통하게 부풀 때까지 볶는다. 센 중불로 올리고, 양파와 풋고추를 넣어 구운 색이 들 때까지 5분 정도 볶는다.
2 마늘, 생강, 고수를 넣고 30초 정도 볶은 후 토마토 퓌레와 요구르트를 넣는다.
3 전체가 익으면 약불로 줄이고, 파우더 향신료와 소금을 넣어 2분 정도 볶는다.
4 중불로 올려 양고기를 넣은 후, 냄비 바닥을 충분히 저으면서 5분

정도 볶는다.
5 물을 붓고, 끓기 시작하면 뚜껑을 덮어 30분 정도 약한 중불로 졸인다. 중간중간 냄비 바닥을 저어준다.
6 냄비 속 소스가 걸쭉해지면, 뚜껑을 열고 라임즙을 넣어 15분 정도 약불로 끓인다. 소금, 후추(분량 외)로 간을 한다. 토핑용 고수를 뿌린다.

치킨마살라

재료(2인분)

카놀라유 … 2큰술
● 첫 향신료
　커민시드 … 1/2작은술
　월계수잎 … 1장
양파(중간 크기, 다진) … 1개
마늘(간) … 1쪽
생강(간) … 1/2쪽
토마토(가로세로 1㎝로 깍둑썰기한) … 1개
● 파우더 향신료
　커민파우더 … 2작은술
　코리앤더파우더 … 2작은술
　터메릭 … 1/2작은술
　레드칠리파우더 … 1/3작은술
소금 … 1작은술
닭다리살(한입크기로 썬) … 300g
물 … 200㎖
가람마살라 … 1/2작은술

만드는 방법

1　프라이팬에 카놀라유을 둘러 센 중불로 가열
　하고, 첫 향신료를 넣어 30초 정도 볶는다. 양
　파를 넣고, 양파가 부드러워질 때까지 5분 정
　도 볶는다.
2　마늘과 생강을 넣어 2분 정도 볶은 후, 토마토
　를 넣고 5분 정도 섞으면서 더 볶는다. 약불로
　줄이고, 파우더 향신료와 소금을 넣어 2분 정
　도 볶는다.
3　센 중불로 올리고, 닭다리살을 넣어 고기 표면
　에 구운 색이 들 때까지 굽는다. 물을 붓고 뚜
　껑을 덮어, 20분 정도 약한 중불로 끓인다. 중
　간중간 냄비 바닥을 저어준다.
4　닭다리살이 익으면 뚜껑을 열어 가람마살라를
　넣고, 섞으면서 2분 정도 끓인다.

치킨 카레

재료(2인분)

닭다리살(한입크기로 썬) … 200g
버터 … 30g
● 첫 향신료
　카다몬 홀 … 2개
　정향 홀 … 2개
　시나몬스틱 … 1/2개
양파(중간 크기, 다진) … 1개
마늘(간) … 1쪽
생강(간) … 1쪽
토마토(가로세로 1㎝로 깍둑썰기한) … 1개
풋고추(다진) … 1개
● 파우더 향신료
　커민파우더 … 1작은술
　코리앤더파우더 … 2작은술
　터메릭 … 1/2작은술
　레드칠리파우더 … 1/3작은술
소금 … 2/3작은술
요구르트 … 100g
물 … 50㎖
고수(다진) … 1줄기
가람마살라 … 1/3작은술

만드는 방법

1　닭다리살에 소금, 후추(분량 외)를 뿌리고 버
　무린다.
2　냄비에 버터를 중불로 가열하고, 첫 향신료를
　넣어 카다몬이 통통하게 부풀 때까지 볶는다.
　양파를 넣고 센 중불로 볶는다.
3　여우색이 되면 마늘, 생강, 물 2큰술(분량 외)
　을 넣고 볶는다. 향이 나면, 토마토와 풋고추를
　넣고 중불로 줄인 후 토마토가 걸쭉해질 때까
　지 으깨면서 볶는다.
4　파우더 향신료와 소금을 넣고, 2분 정도 약불
　로 볶는다.
5　전체가 잘 어우러지면 중불로 올리고 닭다리
　살을 넣어 닭다리살 표면을 익힌다. 요구르트
　와 물을 골고루 섞어서 넣고, 뚜껑을 덮어 20
　분 정도 약불로 끓인다. 5분 간격으로 냄비 바
　닥을 저어준다.
6　뚜껑을 열고, 중불로 올린 후 고수와 가람마살
　라를 넣어 2분 정도 섞는다. 소금(분량 외)으로
　간을 한다.

코리앤더 처트니 치킨

인도카레

재료(2인분)

- ●코리앤더 처트니※
  고수(2~3㎝ 폭으로 썬) … 50g
  땅콩 … 20g
  레몬즙 … 1/2개 분량
  소금 … 1/2작은술
  흑설탕 … 1작은술
  터메릭 … 조금
  풋고추(굵게 다진) … 1개
  닭가슴살(껍질을 제거하고, 가로세로 2㎝로 깍둑
  썰기한) … 300g
- ●파우더 향신료
  터메릭 … 1/3작은술
  레드칠리파우더 … 1/4작은술
  소금 … 1/2작은술
  카놀라유 … 2작은술
  양파(중간 크기, 슬라이스한) … 1개
  마늘(간) … 2쪽
  생강(간) … 1쪽
  고수(토핑용, 2~3㎝ 폭으로 썬) … 적당량

※ 코리앤더 처트니는 고기, 생선, 채소에 뿌리는
  소스로도 사용할 수 있다.

만드는 방법

1 코리앤더 처트니 재료와 적은 양의 물(분량 외)을 푸드프로세서로 갈아 페이스트 상태를 만든다. 닭가슴살은 파우더 향신료와 소금으로 버무려 둔다.

2 냄비에 카놀라유를 둘러 중불로 가열하고, 양파를 넣어 전체에 구운 색이 들 때까지 볶는다.

3 중불로 올리고 마늘, 생강, 물 1큰술(분량 외)을 넣어 1분 정도 볶는다. 닭가슴살을 넣어 표면이 하얗게 될 때까지 볶은 후, 1 의 코리앤더 처트니와 물 100㎖(분량 외)를 넣고 전체를 섞으면서 5분 정도 끓인다.

4 뚜껑을 덮고, 중간중간 저어가며 15분 정도 약한 중불로 끓인다.

5 닭가슴살이 익으면 소금(분량 외)으로 간을 하고, 고수를 뿌린다.

페퍼 치킨

재료(2~3인분)

닭다리살(가로세로 2㎝로 깍둑썰기한)
… 400g
마늘(간) … 1쪽
생강(간) … 1쪽
레몬즙 … 1큰술
소금 … 2/3작은술

카놀라유 … 3큰술
양파(중간 크기, 반은 슬라이스 반은 푸드
프로세서로 갈아 페이스트 상태로 만든)
… 1개
필발파우더 … 2작은술
후추 … 1작은술

만드는 방법

1 볼에 닭다리살, 마늘, 생강, 레몬즙, 소금을 넣고 버무린다. 2시간 이상 냉장고에 보관한다.
2 프라이팬에 카놀라유를 둘러 중불로 가열하고, 양파 슬라이스를 넣어 부드러워질 때까지 볶는다. 양파 페이스트, 필발파우더, 후추를 넣고 구운 색이 들 때까지 볶는다.
3 1을 넣고, 10분 정도 저으면서 볶는다.
4 물 100㎖(분량 외)를 붓고, 전체가 끓으면 뚜껑을 덮어 10분 정도 약불로 졸인다. 뚜껑을 열고 소금(분량 외)으로 간을 한다.

에그마살라 카레

재료(2인분)

식초 … 1큰술
소금 … 1+1/3작은술
달걀 … 4개
방울토마토(2등분한) … 4개
캐슈너트 … 50g
요구르트 … 150g
버터 … 2큰술
●홀 향신료
  시나몬스틱 … 1개
  카다몬 홀 … 2개
  정향 홀 … 4개

양파(중간 크기, 다진) … 1개
풋고추(다진) … 2개
마늘(간) … 1쪽
생강(간) … 1쪽
●파우더 향신료
  커민파우더 … 2작은술
  코리앤더파우더 … 1작은술
  터메릭 … 1/2작은술
  레드칠리파우더 … 1/3작은술
소금 … 1작은술
고수(다진) … 2줄기
가람마살라 … 2/3작은술

만드는 방법

1 냄비에 넉넉한 양의 물을 끓인 후 식초와 소금 1/3작은술을 넣는다. 압정 등으로 껍질에 구멍을 낸 달걀을 냄비에 조심스럽게 넣는다. 98℃ 정도의 뜨거운 물에 12분 삶는다. 달걀을 찬물에 담근 후 껍질을 벗겨둔다.
2 방울토마토, 캐슈너트, 요구르트를 푸드프로세서로 갈아 페이스트 상태를 만든다.
3 프라이팬에 버터를 중불로 가열하고, 홀 향신료를 넣어 카다몬이 통통하게 부풀 때까지 볶는다. 양파와 풋고추를 넣고 여우색이 될

때까지 볶는다.
4 마늘과 생강을 넣어 1분 정도 볶고 약불로 줄인 후, 파우더 향신료와 남은 소금 1작은술을 넣고 2분 정도 볶는다.
5 2를 넣어 5분 정도 중불에 잘 어우러지게 섞고, 고수와 가람마살라를 넣고 섞은 후 소금(분량 외)으로 간을 한다.
6 1의 삶은 달걀을 넣고, 부서지지 않도록 2분 정도 섞는다.

치킨 파산다

인도 카레

재료(2인분)

홍화유 … 2큰술
카다몬 홀 … 2개
양파(중간 크기, 다진) … 1개
마늘(간) … 1쪽
생강(간) … 1쪽
닭가슴살(가로세로 2㎝로 깍둑썰기한) … 200g
●파우더 향신료
　코리앤더파우더 … 2작은술
　커민파우더 … 1작은술
　가람마살라(ISMC) … 1작은술
　터메릭 … 1/2작은술
　레드칠리파우더 … 1/4작은술
흑설탕 … 2작은술
소금 … 1작은술
요구르트 … 200g
생크림 … 3큰술
아몬드파우더 … 3큰술
고수(다진) … 1작은술
아몬드플레이크 … 적당량

만드는 방법

1 프라이팬에 홍화유를 둘러 센 중불로 가열하고, 카다몬을 넣어 30초 정도 볶는다. 양파, 마늘, 생강을 넣어 구운 색이 들 때까지 중불로 볶은 후, 닭가슴살을 넣고 섞어가며 5분 정도 더 볶는다.

2 파우더 향신료, 흑설탕, 소금을 넣고 2분 정도 약한 중불로 볶아, 닭가슴살을 향신료로 코팅한다.

3 요구르트, 생크림, 아몬드파우더를 넣고 센 중불로 끓인다. 끓으면 뚜껑을 덮고 10~12분 약불로 졸인다.

4 뚜껑을 열고, 소금(분량 외)으로 간을 한 후 그릇에 담는다. 고수와 아몬드플레이크를 뿌린다.

스파이시 갈릭 포테이토

재료(2인분)

A	마늘(2등분한) … 3쪽	소금 … 1/2작은술

A
마늘(2등분한) … 3쪽
풋고추(듬성듬성 썬) … 2개
커민시드 … 1/2작은술
식용유 … 1+1/2큰술
●파우더 향신료
아사푀티다 … 1/4작은술
터메릭 … 1/2작은술

소금 … 1/2작은술
감자(6등분해 삶은 후, 매셔로 가볍게
으깬) … 4개
레몬즙 … 1/2개 분량
고수(다진) … 1줄기

만드는 방법

1 A를 푸드프로세서로 섞고 굵게 다진다.
2 프라이팬에 식용유를 둘러 센 중불로 가열하고 1을 넣어 2분 정도 볶는다.
3 파우더 향신료와 소금을 넣고, 2분 정도 약불로 볶다가 감자를 넣은 후 섞어가며 2분 정도 더 중불로 볶는다.
4 레몬즙과 고수를 넣고 1분 정도 볶는다.

인도
카레

파니르 마카니

재료(2인분)

모차렐라치즈 … 200g
버터 … 2큰술
토마토 퓌레 … 200g
마늘(간) … 1쪽
생강(간) … 1쪽
양귀비씨 … 2작은술(있는 경우)
가람마살라 … 1작은술
뜨거운 물 … 120㎖

생크림 … 2큰술
설탕 … 1/2작은술
카수리메티 … 1작은술

만드는 방법

1 모차렐라치즈는 8㎜ 폭으로 썰어, 키친타월 사이에 끼운 후 가볍게 두드려 수분을 제거한다. 몇 번 키친타월을 바꾸면서 1시간 정도 그대로 둔다.
2 프라이팬에 버터를 중불로 가열하고, 토마토 퓌레를 넣어 1분 정도 중불로 볶는다. 마늘, 생강, 양귀비씨, 가람마살라를 넣고 3분 정도 볶는다.
3 물을 붓고, 끓으면 뚜껑을 덮어 5분 정도 끓인다. 뚜껑을 열고, 소스가 걸쭉해질 때까지 3분 정도 약불로 졸인다. 생크림, 설탕, 카수리메티를 넣어 1분 정도 섞고 불을 끈다.
4 소금(분량 외)으로 간을 한 후 모차렐라치즈를 섞고, 그릇에 담는다.

알루 고비

재료(2인분)

식용유 ··· 2큰술
커민시드 ··· 1작은술
양파(작은 것, 다진) ··· 1개
마늘(다진) ··· 1쪽
생강(다진) ··· 1쪽
토마토(중간 크기, 가로세로 1㎝로 깍둑썰기한)
··· 1개
●파우더 향신료
　코리앤더파우더 ··· 1큰술
　터메릭 ··· 1작은술
　레드칠리파우더 ··· 1/2작은술
소금 ··· 1작은술
물 ··· 2큰술
감자(6등분한 후 살짝 삶은) ··· 2개
콜리플라워(작은 송이로 나누고 살짝 데친)
··· 1/4개
풋고추(다진) ··· 1개
고수(다진) ··· 2줄기
뜨거운 물 ··· 100㎖

만드는 방법

1 프라이팬에 식용유를 둘러 센 중불로 가열하고, 커민시드를 볶는다. 커민시드 주위에 거품이 생기면, 양파를 넣고 여우색이 될 때까지 볶는다.

2 마늘과 생강을 넣고 1분 정도 볶는다. 토마토를 넣고, 토마토 형태가 없어질 때까지 볶는다.

3 약불로 줄이고 파우더 향신료, 소금, 물을 넣은 후 중불로 올려 3분 정도 볶는다.

4 감자, 콜리플라워, 풋고추, 고수, 뜨거운 물을 넣고 감자에 구운 색이 들 때까지 7~8분 섞으면서 볶은 후 소금(분량 외)으로 간을 한다.

사그 파니르

재료(2인분)

모차렐라치즈(작은 것) … 15개
시금치(3등분한) … 1묶음
풋고추(1개는 둥글게 썰고, 2개는 다진) … 3개
●토마토 페이스트
　토마토(듬성듬성 썬) … 1개
　캐슈너트 … 50g
　요구르트 … 150g
버터 … 30g
●홀 향신료
　시나몬스틱 … 1개
　카다몬 홀 … 2개
　정향 홀 … 4개
양파(작은 것, 다진) … 1개
마늘(간) … 1쪽
생강(간) … 1쪽
●파우더 향신료
　코리앤더파우더 … 2작은술
　터메릭 … 1/2작은술
　가람마살라 … 1/2작은술
소금 … 1작은술
생크림 … 적당량

만드는 방법

1 모차렐라치즈를 키친타월 사이에 끼우고 가볍게 두드려 수분을 제거한다. 몇 번 키친타월을 바꾸면서 1시간 정도 그대로 둔다.

2 냄비에 넉넉한 양의 물을 끓이고, 시금치의 굵은 줄기와 소금 조금(분량 외)을 넣은 후 30초가 지나면 잎을 넣어 숨이 죽을 때까지 데친다. 한 김 식으면, 둥글게 썬 풋고추와 함께 푸드프로세서로 갈아 페이스트 상태를 만든다.

3 토마토 페이스트 재료를 푸드프로세서로 갈아 페이스트 상태를 만든다.

4 프라이팬에 버터를 중불로 가열하고, 홀 향신료를 넣어 카다몬이 통통하게 부풀 때까지 센 중불로 볶는다. 양파와 다진 풋고추를 넣고 양파가 여우색이 될 때까지 볶는다.

5 마늘과 생강을 넣어 30초 정도 볶고 약불로 줄인 후 파우더 향신료, 소금, 물 2큰술(분량 외)을 넣어 2분 정도 볶는다.

6 중불로 올려 **3**을 넣고, 5분 정도 약한 중불로 끓인다. **2**를 넣고, 뚜껑을 덮어 10분 정도 더 끓인다.

7 소금(분량 외)으로 간을 한 후 불을 끄고 모차렐라치즈를 넣어 30초 정도 섞는다. 그릇에 담고 생크림을 두른다.

인도
카레

시나몬 & 정향 & 캐슈너트 라이스

재료(2인분)

바스마티 라이스 … 180g

채소부용 가루 … 2작은술

뜨거운 물 … 350㎖

버터 … 10g

시나몬스틱 … 1개

정향 홀 … 3개

캐슈너트 … 20개

만드는 방법

1 바스마티 라이스는 찬물로 2~3번 씻고 30분 정도 불린다. 뜨거운 물에 채소부용 가루를 녹여 육수를 만든다.

2 냄비에 버터를 중불로 가열하고, 시나몬과 정향을 넣어 2분 정도 볶는다. 바스마티 라이스를 넣고 섞는다.

3 육수를 붓고 3분 정도 끓인다. 캐슈너트를 넣고, 뚜껑을 덮어 12분 정도 약불로 끓인다. 불을 끄고 뚜껑을 덮은 채 10분 정도 뜸을 들인다.

믹스베지터블 카레

재료(2인분)

버터 … 2큰술

식용유 … 1큰술

●홀 향신료

　커민시드 … 1/2작은술

　시나몬스틱 … 1/2개

　정향 홀 … 3개

　카다몬 홀 … 2개

양파(중간 크기, 굵게 다진) … 1/2개

마늘(간) … 1쪽

생강(간) … 1쪽

토마토(가로세로 1㎝로 깍둑썰기한) … 1개

풋고추(다진) … 1개

●파우더 향신료

　커민파우더 … 1작은술

　코리앤더파우더 … 2작은술

　터메릭 … 1/2작은술

　레드칠리파우더 … 1/3작은술

소금 … 2/3작은술

당근(가로세로 1㎝로 깍둑썰기한) … 1/2개

꼬투리강낭콩(3㎝ 폭으로 썬) … 40g

콜리플라워 … 6개(작은 송이)

감자(살짝 삶아서 8등분한) … 1개

요구르트 … 150g

고수(다진) … 2줄기

만드는 방법

1 냄비에 버터와 식용유를 중불로 가열하고, 홀 향신료를 넣어 카다몬이 통통하게 부풀 때까지 볶는다. 양파를 넣고 여우색이 될 때까지 센 중불로 볶는다.

2 마늘과 생강을 넣고, 전체가 잘 섞이도록 30초 정도 볶는다. 토마토와 풋고추를 넣고, 전체가 페이스트 상태가 될 때까지 볶듯이 끓인다. 약불로 줄이고 파우더 향신료, 소금, 물 1큰술(분량 외)을 넣어 2분 정도 잘 섞이도록 볶는다.

3 당근, 꼬투리강낭콩, 콜리플라워를 넣어 소스와 잘 어우러지게 2분 정도 센 중불로 볶은 후, 감자를 넣고 1분 정도 더 볶는다.

4 요구르트와 물 100㎖(분량 외)를 넣고, 끓으면 뚜껑을 덮어 8분 정도 중불로 끓인다.

5 고수를 넣고 1분 정도 끓인 후 소금(분량 외)으로 간을 한다.

인도 카레

머스터드 피쉬 카레

재료(2인분)

대구(3등분한) … 2토막
터메릭 … 1작은술
식용유(또는 머스터드오일) … 2큰술
브라운 머스터드시드 … 1작은술
마늘(다진) … 1쪽
생강(다진, 토핑용으로 조금 남겨둔)
… 2쪽
씨겨자 … 30g
양파(작은 것, 슬라이스한) … 1개

● 파우더 향신료
　코리앤더파우더 … 1작은술
　터메릭 … 1/2작은술
　레드칠리파우더 … 1/4작은술
소금 … 1작은술
뜨거운 물 … 150㎖
레몬즙 … 2작은술

만드는 방법

1　대구에 터메릭을 버무린다.
2　냄비에 식용유를 둘러 중불로 가열하고, 브라운 머스터드시드를 볶아 톡톡 튀기시
　작하면 뚜껑을 덮는다. 소리가 잦아들면 마늘, 생강, 씨겨자를 넣고 30초 정도 전
　체를 섞는다.
3　센 중불로 올리고 양파를 넣어 여우색이 될 때까지 10분 정도 볶는다. 탈 것 같으
　면 물 2큰술(분량 외)을 넣는다.
4　약불로 줄이고 파우더 향신료, 소금, 물 1큰술(분량 외)을 넣어 2분 정도 볶은 후 뜨
　거운 물을 부어 중불로 끓인다.
5　대구를 넣고 뚜껑을 덮은 후 2분 정도 약불로 끓인다. 뚜껑을 열고, 대구를 뒤집은
　후 레몬즙을 넣어 2분 정도 더 끓인다. 소금 조금(분량 외)으로 간을 한 후, 토핑용
　생강을 뿌려 마무리한다.

칭그리 말라이

재료(2인분)

새우(작은 것, 껍질을 벗기고 내장 제거)
… 16마리
터메릭 … 1/2작은술
버터 … 30g
● 홀 향신료
　카다몬 홀 … 2개
　정향 홀 … 3개
　시나몬스틱 … 1/2개

코코넛밀크 … 300g
풋고추(세로로 2등분한, 씨 제거) … 1개
● 파우더 향신료
　코리앤더파우더 … 1작은술
　커민파우더 … 1작은술
소금 … 1/2작은술

만드는 방법

1　새우에 터메릭과 소금 조금(분량 외)을 버무린다.
2　프라이팬에 버터를 중불로 가열하고, 1을 나란히 올려 양쪽 면을 1~2분씩 굽는다.
　새우를 꺼내고, 남은 버터에 홀 향신료를 넣고 카다몬이 통통하게 부풀 때까지 볶
　는다.
3　코코넛밀크를 넣고 중불로 올린 후 전체가 보글거릴 때까지 끓인다.
4　새우, 풋고추, 파우더 향신료, 소금을 넣고 3분 정도 약한 중불로 끓인다.

램 비리야니

재료(2~3인분)

양고기(목살, 한입크기로 썬) … 200g
●마리네이드액
　마늘(간) … 1쪽
　생강(간) … 1/2쪽
　요구르트 … 150g
　레몬즙 … 1/2개 분량
　풋고추(다진) … 1개
　페퍼민트(듬성듬성 썬) … 10g
　가람마살라 … 2작은술
　커민파우더 … 1작은술
　터메릭 … 1/3작은술
　레드칠리파우더 … 1/4작은술
고수(듬성듬성 썬) … 15g
소금 … 2작은술
바스마티 라이스 … 200g
버터 … 20g
카놀라유 … 2큰술
양파(중간 크기, 슬라이스한) … 1개
●파우더 향신료
　커민파우더 … 1작은술
　코리앤더파우더 … 1작은술
물 … 1ℓ
사프란 … 1꼬집

만드는 방법

1 볼에 양고기, 마리네이드액 재료, 고수 10g, 소금 1작은술을 넣고 섞은 후 4시간 이상 냉장고에 재운다. 바스마티 라이스를 찬물로 2~3번 씻고 30분 정도 불린다.

2 프라이팬에 버터와 카놀라유를 센 중불로 가열하고, 양파를 넣어 여우색이 될 때까지 볶는다. 약불로 줄이고, 파우더 향신료를 넣어 2분 정도 볶은 후 양고기를 마리네이드액째 넣어 섞으면서 5분 정도 끓인다.

3 물 150㎖(분량 외)를 넣어 한소끔 끓인 후, 뚜껑을 덮어 가끔 냄비 바닥을 저으면서 30분 정도 약불로 졸인다.

4 냄비에 물 1ℓ를 끓인 후, 소금 1작은술을 넣고 바스마티 라이스를 넣는다. 3분 정도 중불로 끓인다. 맛을 보고, 쌀 알갱이에 심이 조금 남을 정도로 익으면 체에 올린다. 미지근한 물 120㎖(분량 외)에 사프란을 넣는다.

5 냄비에 바스마티 라이스의 절반을 다시 담고, 그 위에 3을 두른 후 나머지 바스마티 라이스를 위에 올린다. 4의 사프란 물을 두르고, 고수 5g을 뿌린 후 뚜껑을 덮는다.

6 센 중불로 2분 정도 끓인 후, 뚜껑을 덮은 채 10분 정도 약불로 뜸을 더 들인다. 불을 끄고, 10분 정도 뜸을 들인 후 가볍게 섞어서 그릇에 담는다.

케랄라 치킨

인 도 카 레

재료(4인분)

식용유 … 4큰술
양파(채썬) … 1개
마늘(채썬) … 3~4쪽
생강(채썬) … 1쪽
풋고추(채썬) … 3개
●파우더 향신료
　코리앤더파우더 … 1큰술
　파프리카파우더 … 1작은술
　고춧가루 … 1/2작은술
　터메릭 … 1/4작은술

토마토(듬성듬성 썬) … 1개
물 … 300㎖
닭다리살(껍질을 제거하고 한입크기로 썬) … 2개
코코넛밀크 … 200㎖
소금 … 1작은술
●템퍼링
　식용유 … 2큰술
　머스터드시드 … 1/2작은술
　고춧가루 … 1/3작은술
　홍고추 … 5개
고수(듬성듬성 썬) … 적당량

만드는 방법

1　냄비에 식용유를 둘러 중불로 가열하고,
　　양파를 넣어 숨이 죽을 때까지 볶는다.

2　마늘, 생강, 풋고추를 넣고 볶는다.

3 양파 가장자리에 노릇한 색이 들기 시작하면, 파우더 향신료를 넣고 살짝 볶는다.

4 토마토를 넣고 볶는다.

5 토마토의 부피가 반 정도 되면 물을 부어 끓인다. 끓으면 뚜껑을 덮어 10분 정도 약불로 졸인 후 닭다리살을 넣는다.

6 코코넛밀크와 소금을 넣고 끓인다.

7 끓으면 뚜껑을 덮어 10분 정도 약불로 졸인다.

8 【템퍼링】 프라이팬에 식용유를 둘러 중불로 가열하고 머스터드시드를 넣는다. 톡톡 튀다가 잦아들면 나머지 향신료를 넣고 색이 들 때까지 가열한다.

POINT
머스터드시드가 톡톡 튀기 시작하면 뚜껑을 덮는다.

9 7의 냄비에 8을 넣고, 2~3분 끓이다 소금(분량 외)으로 간을 한다.

POINT
한 번에 넣는다! 오일이 튈 수 있으므로 주의한다.

10 고수를 넣어 마무리한다.

포크 로스트

재료(4인분)

오일 … 1큰술
홍고추 … 3개
코코넛파인 … 30g
참기름 … 3큰술
시나몬스틱 … 조금
양파(채썬) … 1개
마늘(채썬) … 2쪽
생강(채썬) … 1쪽
풋고추(채썬) … 3개
토마토(듬성듬성 썬) … 1개
소금 … 1작은술

●파우더 향신료
  코리앤더파우더 … 1큰술
  가람마살라 … 1작은술
  터메릭 … 1/2작은술
  고춧가루 … 1/3작은술
물 … 200㎖
돼지고기(목살 덩어리, 먹기 좋은 크기로 썬)
… 500g
식초 … 1큰술

만드는 방법

1 프라이팬에 오일을 둘러 가열하고, 홍고추를 넣어 색이 들 때까지 중불로 볶는다. 코코넛파인을 넣고 여우색이 될 때까지 볶은 후 물(분량 외)을 더해가며 믹서로 갈아 페이스트 상태를 만든다.
2 프라이팬에 참기름을 둘러 중불로 가열하고, 시나몬스틱을 넣어 살짝 볶은 후 양파, 마늘, 생강, 풋고추를 넣고 양파에 색이 들 때까지 볶는다.
3 토마토를 넣고 형태가 없어질 때까지 볶는다.

4 소금과 파우더 향신료를 넣어 섞은 후, 1 의 페이스트와 물을 넣고 센불로 한소끔 끓인다.
5 골고루 섞이면 돼지고기와 식초를 넣고, 뚜껑을 덮어 20분 정도 약불로 졸인 후 소금(분량 외)으로 간을 한다.

비프 왈렛

재료(4인분)

●마리네이드 재료
  양파(채썬) … 1/2개
  마늘(간) … 1쪽
  생강(간) … 1/2쪽
  풋고추(듬성듬성 썬) … 2개
  코코넛파인 … 3큰술
  코리앤더파우더 … 2작은술
  가람마살라 … 1작은술
  커민파우더 … 1작은술
  터메릭 … 1/3작은술
  고춧가루 … 1/2작은술
  후추 … 1/2작은술
  소금 … 1작은술
  오일 … 1큰술

소고기(목살, 한입크기로 썬) … 600g
물 … 300㎖
식용유 … 1큰술
머스터드시드 … 1/2작은술
양파(채썬) … 1/2개
마늘(채썬) … 2쪽
생강(채썬) … 1쪽
풋고추(2등분한) … 3개
●파우더 향신료
  코리앤더파우더 … 2작은술
  고춧가루 … 1/2작은술
  터메릭 … 1/2작은술
고수(다진) … 적당량

만드는 방법

1 볼에 마리네이드 재료와 소고기를 넣고 버무린다.
2 냄비에 1 과 물을 담고 중불로 끓인 후, 뚜껑을 덮어 30분 정도 약불로 졸인다.
3 프라이팬에 식용유를 둘러 가열하고, 머스터드시드를 넣어 약불로 가열한다. 머스터드시드가 튀는 소리가 잦아들면, 양파를 넣고 양파의 숨이 죽을 때까지 볶는다.

4 마늘, 생강, 풋고추를 넣어 양파에 은은하게 색이 들 때까지 볶고, 파우더 향신료를 넣어 잘 어우러지게 섞는다.
5 2 의 냄비에서 꺼낸 소고기를 넣고, 전체가 골고루 섞이면 소금(분량 외)으로 간을 한다. 그릇에 담고, 고수를 뿌린다.

고아 프론

재료(4인분)

식용유 … 3큰술
머스터드시드 … 1/2작은술
홍고추 … 3개
마늘(채썬) … 2쪽
생강(채썬) … 2쪽
양파(채썬) … 1개
토마토(듬성듬성 썬) … 1개
●파우더 향신료
　코리앤더파우더 … 2작은술
　커민파우더 … 1작은술
　터메릭 … 1/2작은술
　고춧가루 … 1/2작은술
소금 … 1작은술
코코넛밀크 … 200㎖
물 … 300㎖
식초 … 1큰술
새우(껍질을 벗기고 내장 제거) … 12마리
고수(듬성듬성 썬) … 적당량

만드는 방법

1 냄비에 오일을 둘러 중불로 가열하고, 머스터드시드를 볶는다. 머스터드시드가 튀는 소리가 잦아들면 홍고추를 넣는다.

2 마늘, 생강, 양파를 넣고 여우색이 될 때까지 볶는다.

3 토마토를 넣고 형태가 뭉개질 때까지 볶는다.

4 파우더 향신료와 소금을 넣고 30초 정도 볶는다.

5 코코넛밀크, 물, 식초를 넣어 센불로 한소끔 끓인 후, 뚜껑을 덮고 10분 정도 약불로 졸인다.

6 새우를 넣어 중불로 살짝 끓인 후 소금(분량 외)으로 간을 한다. 고수를 넣고 살짝 섞어 마무리한다.

코코넛 삼바르

재료(4인분)

● 홀 향신료
  홍고추 … 6개
  커민시드 … 1작은술
  코리앤더시드 … 3큰술
코코넛파인 … 5큰술
렌틸콩 … 100g
뜨거운 물 … 300㎖
오일 … 2큰술
● 첫 향신료
  머스터드시드 … 1작은술
  홍고추 … 1개
  커민시드 … 1작은술
가지(한입크기로 썬) … 2개
꼬투리강낭콩(한입크기로 썬) … 100g
양파(한입크기로 썬) … 1/2개
빨강 파프리카(한입크기로 썬) … 1개
타마린드(미지근한 물 300㎖에 불린) … 10g
소금 … 적당량

밑준비

삼바르마살라를 만든다.

1 프라이팬에 홀 향신료를 넣고 약불로 가열하여, 살짝 볶는다.
2 코코넛파인을 넣고, 색이 들 때까지 더 볶는다.
3 한 김 식으면, 믹서로 갈아 파우더 상태를 만든다.

만드는 방법

1 냄비에 렌틸콩과 뜨거운 물을 담고, 나무주걱으로 으깨면서 페이스트 상태가 될 때까지 약불로 끓인다. 중간에 수분이 부족하면 뜨거운 물(분량 외)을 더한다.
2 다른 냄비에 오일을 둘러 중불로 달군 후 첫 향신료를 넣고, 머스터드시드가 톡톡 튀다 잦아들 때까지 볶는다. 가지, 꼬투리강낭콩, 양파, 파프리카를 넣고 살짝 볶는다.
3 타마린드를 미지근한 물 속에서 씨를 제거하듯 손으로 비빈 후, 체로 걸러 냄비에 넣는다. 삼바르마살라, 1, 소금을 넣고 골고루 섞어가며 끓인다.
4 한소끔 끓인 다음 뚜껑을 덮고, 채소가 익을 때까지 10분 정도 약불로 졸인 후 소금(분량 외)으로 간을 한다.

달 카레

재료(4인분)

뭉 달 … 200g
터메릭 … 1작은술
오일 … 3큰술
● 홀 향신료
  커민시드 … 1작은술
  홍고추 … 2개
양파(다진) … 1/2개
마늘(다진) … 3쪽
생강(다진) … 2쪽
토마토(듬성듬성 썬) … 1/2개
● 파우더 향신료
  코리앤더파우더 … 1큰술
  커민파우더 … 1작은술

만드는 방법

1 뭉 달을 씻어 넉넉한 양의 물(분량 외)에 삶는다. 거품을 걷어내고 터메릭을 넣은 후, 페이스트 상태가 될 때까지 45분~1시간 약불로 졸인다.
2 냄비에 오일을 둘러 중불로 가열하고, 홀 향신료를 넣어 색이 들 때까지 볶는다. 양파를 넣어 색이 들 때까지 볶은 후 마늘, 생강을 넣어 양파가 여우색이 될 때까지 볶는다.
3 토마토를 넣어 형태가 뭉개질 때까지 볶은 후, 파우더 향신료와 적당량의 소금을 넣고 살짝 볶는다.
4 1을 넣어 섞고 소금(분량 외)으로 간을 한다.

인도
카레

바루타라차 치킨

재료(4인분)

홍고추 … 5개
코코넛파인 … 70g
식용유 … 4큰술
양파(채썬) … 1개
마늘(채썬) … 3쪽
생강(채썬) … 1쪽
풋고추(채썬) … 3개
●파우더 향신료
　코리앤더파우더 … 1큰술
　가람마살라 … 1작은술
　터메릭 … 1/2작은술
　고춧가루 … 1/2작은술
토마토(듬성듬성 썬) … 1개
물 … 200㎖
닭다리살(한입크기로 썬) … 2개
소금 … 1작은술

만드는 방법

1 프라이팬을 중불로 가열하고, 홍고추와 코코넛파인을 넣어 색이 들 때까지 구운 후 믹서로 간다. 물(분량 외)을 조금 넣고 갈아 페이스트 상태를 만든다.

2 냄비에 식용유를 둘러 중불로 가열하고, 양파를 넣어 숨이 죽을 때까지 볶는다. 마늘, 생강, 풋고추를 넣고 양파가 여우색이 될 때까지 볶는다.

3 파우더 향신료를 넣고 살짝 볶는다. 토마토를 넣고, 토마토의 형태가 뭉개질 때까지 볶은 후 **1**을 넣어 전체가 잘 어우러질 때까지 볶는다.

4 물을 넣어 끓이고, 10분 정도 약불로 졸인다.

5 닭다리살을 넣고 10분 정도 더 끓인다. 중간에 수분이 부족해지면 물(분량 외)을 더하고, 소금으로 간을 한다.

피쉬 커틀릿

재료(4인분)

농어(횟감) … 250g
●데침용 재료
　풋고추(세로로 칼집을 낸) … 2개
　마늘(으깬) … 1쪽
　생강(으깬) … 1쪽
　소금 … 1/2작은술
　후추 … 1/4작은술
　물 … 200㎖
식용유 … 2큰술
양파(다진) … 1/2개
마늘(다진) … 1쪽
생강(다진) … 1쪽
풋고추(다진) … 2개
●파우더 향신료
　가람마살라 … 1/2작은술
　터메릭 … 1/3작은술
　고춧가루 … 1/3작은술
소금 … 1/2작은술
감자(삶아서 으깬) … 2~3개
달걀물 … 1개 분량
빵가루 … 적당량
튀김기름 … 적당량

만드는 방법

1　냄비에 농어와 데침용 재료를 모두 담아 가열
　하고, 끓으면 뚜껑을 덮어 5분 정도 중불로 졸
　인다. 농어를 꺼내 생선살을 바른다.
2　프라이팬에 식용유를 둘러 중불로 가열하고
　다진 양파, 마늘, 생강, 풋고추를 넣어 양파에
　은은하게 색이 들 때까지 볶는다.
3　농어를 넣어 수분이 빠지기 시작할 때까지 볶
　고, 파우더 향신료와 소금을 넣는다.
4　감자를 넣고 매셔로 으깨면서 전체를 골고루
　섞는다. 필요하면 소금(분량 외)으로 간을 한다.
5　8등분해 공모양으로 빚은 후 달걀물, 빵가루
　순서로 옷을 입히고, 170℃의 튀김기름에 2~3
　분 튀긴다.

프론마살라

재료(4인분)

●페이스트용 재료
　마늘(간) … 1쪽
　생강(간) … 1/2쪽
　식초 … 2큰술
　소금 … 1/2작은술
●파우더 향신료
　터메릭 … 1/2작은술
　고춧가루 … 1/3작은술
　커민파우더 … 1작은술
　코리앤더파우더 … 2작은술
　시나몬파우더 … 1/2작은술
식용유 … 2큰술
머스터드시드 … 1/2작은술
양파(채썬) … 1/2개
새우(블랙타이거, 껍질을 벗기고 내장 제거)
… 10마리
고수(듬성듬성 썬) … 적당량

만드는 방법

1　볼에 페이스트 재료와 파우더 향신료를 넣어
　골고루 섞는다.
2　냄비에 식용유를 둘러 중불로 가열하고, 머스
　터드시드를 볶는다. 머스터드시드가 톡톡 튀
　다 잦아들면, 양파를 넣고 색이 들 때까지 볶
　는다.
3　1의 페이스트를 2에 넣고 볶는다. 새우를 넣
　어 익을 때까지 볶은 후 고수를 넣는다. 필요
　하면 소금(분량 외)으로 간을 한다.

인
도
카
레

양고기 후추튀김

재료(4인분)

오일 … 2큰술
양파(채썬) … 1개
마늘(간) … 2쪽
생강(간) … 1쪽
풋고추(채썬) … 3개
터메릭 … 1작은술
소금 … 1작은술
토마토(듬성듬성 썬) … 1개
양고기(가로세로 3~4㎝로 깍둑썰기한) … 500g
물 … 200㎖
●템퍼링
　식용유 … 3큰술
　통후추(굵게 간) … 1작은술
　커민시드(굵게 간) … 1/2작은술
　마늘(채썬) … 1쪽
　풋고추(굵게 채썬) … 3개
　홍고추 … 5개
●파우더 향신료
　가람마살라 … 1작은술
　코리앤더파우더 … 1작은술
　고춧가루 … 1/2작은술
　터메릭 … 1/3작은술
레몬즙 … 1큰술

만드는 방법

1 냄비에 오일을 둘러 가열하고, 양파를 넣어 숨이 죽을 때까지 볶은 후 마늘, 생강, 풋고추를 넣어 더 볶는다.

2 양파에 은은하게 색이 들면 터메릭과 소금을 넣고, 잘 어우러지게 섞은 후 토마토를 넣는다.

3 토마토의 형태가 뭉개지면 양고기와 물을 넣고 40분 정도 약불로 졸인다.

4 양고기가 부드러워지면 냄비에서 양고기만 꺼낸다.

5 【템퍼링】 프라이팬에 식용유를 둘러 중불로 가열하고 통후추, 커민시드를 넣어 향이 날 때까지 볶는다. 마늘을 넣고, 색이 들면 풋고추와 홍고추를 넣어 살짝 볶는다.

6 5에 양고기와 파우더 향신료를 넣어 섞은 후, 잘 어우러지면 레몬즙을 넣고 섞는다. 필요하면 소금(분량 외)으로 간을 한다.

에그마살라

재료(4인분)

식용유 … 3큰술
머스터드시드 … 1/2작은술
홍고추 … 4개
양파(채썬) … 1/2개
마늘(채썬) … 3쪽
생강(채썬) … 2쪽
풋고추(얇게 어슷썰기한) … 1개
●파우더 향신료
　코리앤더파우더 … 2작은술
　파프리카파우더 … 1작은술
　고춧가루 … 1/2작은술
　터메릭 … 1/3작은술

토마토(듬성듬성 썬) … 1개
코코넛밀크 … 100㎖
물 … 50㎖
소금 … 1작은술(조금 적게)
삶은 달걀(세로 방향으로 4곳 정도 칼집을 낸) … 4개
고수(굵게 다진) … 적당량

만드는 방법

1　냄비에 식용유를 둘러 중불로 가열하고 머스터드시드를 볶는다. 머스터드시드가 톡톡 튀다 잦아들면, 홍고추를 넣고 색이 들 때까지 볶는다.
2　양파를 넣어 숨이 죽을 때까지 볶은 후 마늘, 생강, 풋고추를 넣고 더 볶는다.

3　양파가 족제비색(P.17)이 되면 파우더 향신료를 넣고 살짝 볶는다.
4　토마토를 넣고 형태가 뭉개지면 코코넛밀크, 물, 소금, 삶은 달걀을 넣어 5분 정도 잘 섞이도록 끓인 후, 소금(분량 외)으로 간을 한다. 고수를 뿌려 마무리한다.

칠리치킨로스트

재료(4인분)

닭고기(뼈 포함, 껍질을 제거하고 토막썰기한) … 500g
소금, 후추 … 조금씩
레몬즙 … 1/2개 분량
마늘(1쪽은 갈고 나머지는 채썬) … 2쪽
생강(1/2쪽은 갈고 나머지는 채썬) … 1+1/2쪽
●마리네이드용 향신료
　고춧가루 … 1/2작은술
　터메릭 … 1/2작은술
　가람마살라 … 1작은술
　파프리카파우더 … 1작은술
식용유 … 4큰술
홍고추 … 6개

양파(채썬) … 1/2개
풋고추(채썬) … 3개
●파우더 향신료
　코리앤더파우더 … 1큰술
　고춧가루 … 1/2작은술
　터메릭 … 1/2작은술
　가람마살라 … 1작은술
　파프리카파우더 … 1작은술
토마토(듬성듬성 썬) … 1개
소금 … 1/2작은술
고수(듬성듬성 썬) … 적당량

만드는 방법

1　볼에 닭고기를 담아 소금, 후추를 뿌리고 레몬즙을 두른다. 간 마늘과 생강을 넣고 섞은 후 마리네이드용 향신료를 넣어 골고루 버무린다. 170℃로 가열한 오일(분량 외)에 3~4분 튀긴다.
2　프라이팬에 식용유를 둘러 가열하고, 홍고추를 넣어 살짝 볶은 후 양파를 넣어 볶는다. 양파가 숨이 죽으면, 채썬 마늘과 생강을 넣고 더 볶는다.
3　양파가 족제비색(P.17)이 되면 풋고추를 넣어 살짝 볶은 후 파우

더 향신료를 넣는다. 전체가 잘 어우러지게 섞은 후 토마토와 소금을 넣고 더 볶는다.
4　토마토의 형태가 뭉개지면 1의 닭고기를 넣고 섞는다. 소금(분량 외)으로 간을 한 후 고수를 넣고 살짝 섞어 마무리한다.

인도 카레

말라바르 치킨카레

인
도
카
레

재료(4인분)

닭다리살(토막썰기한) … 600g
●마리네이드용 향신료
　코리앤더파우더 … 1큰술
　터메릭 … 1/2작은술
　고춧가루 … 1/2작은술
　후추 … 1/2작은술
소금 … 2꼬집
●페이스트용 재료
　코코넛파인 … 50g
　커민시드 … 1작은술
　양파 … 30g
식용유 … 2큰술
　　양파(다진) … 1개
　　마늘(다진) … 4쪽
　　생강(다진) … 1쪽
A　풋고추(다진) … 4개
　　토마토(다진) … 1개
　　소금 … 1작은술
　　코코넛밀크 … 400㎖
　　물 … 100㎖

만드는 방법

1 닭다리살을 지퍼백에 담고, 마리네이드용 향신료와 소금을 넣어 섞는다. 페이스트 재료와 물 조금(분량 외)을 믹서로 갈아 페이스트 상태를 만든다.

2 냄비에 식용유를 둘러 중불로 가열하고 **1**의 닭다리살, 페이스트, **A**를 넣은 후, 끓으면 약불로 줄여 20분 정도 졸인다. 소금(분량 외)으로 간을 한다.

치킨 코르마

재료(4인분)

닭다리살(껍질을 제거하고 한입크기로 썬) … 2개
요구르트 … 100g
캐슈너트 … 50g
오일 … 4큰술
● 홀 향신료
　정향 홀 … 10개
　카다몬 홀 … 10개
　시나몬스틱 … 1개
　월계수잎 … 1장
양파(다진) … 1쪽
마늘(다진) … 1쪽
생강(다진) … 1쪽
풋고추(다진) … 3개
● 파우더 향신료
　코리앤더파우더 … 2작은술
　가람마살라 … 1작은술
　커민파우더 … 1/2작은술
소금 … 1작은술(조금 적게)
코코넛밀크 … 200㎖
물 … 50㎖

만드는 방법

1 닭다리살을 지퍼백에 담고, 요구르트와 섞어 냉장고에 3시간 정도 재운다. 캐슈너트는 뜨거운 물(분량 외)로 3~5분 데쳐 부드럽게 만든 후, 물 조금(분량 외)을 더해 믹서로 페이스트 상태를 만든다.

2 냄비에 오일을 둘러 중불로 가열하고, 홀 향신료를 넣어 향이 나기 시작하면 양파를 넣은 후 숨이 죽을 때까지 볶는다.

3 마늘, 생강, 풋고추를 넣고 전체에 은은하게 색이 들 때까지 볶는다.

4 파우더 향신료와 소금을 넣어 잘 어우러지게 섞고, **1**의 캐슈너트 페이스트를 넣어 살짝 볶는다.

5 닭다리살을 마리네이드액째 넣어 잘 어우러지게 섞는다. 코코넛밀크와 물을 넣고 센불에 올려, 끓으면 뚜껑을 덮은 후 중간중간 저어가며 10분 정도 약불로 졸인다.

6 닭다리살이 익으면 뚜껑을 열고, 필요하면 소금(분량 외)으로 간을 한다.

치킨65

재료(4인분)

닭다리살(껍질을 제거하고 한입크기로 썬) … 400g

A
- 소금, 후추 … 조금씩
- 마늘(간) … 2쪽
- 생강(간) … 1쪽

전분가루 … 2작은술
달걀물 … 1개 분량
튀김기름 … 적당량
오일 … 2큰술
커민시드 … 1작은술

B
- 마늘(다진) … 1쪽
- 생강(다진) … 1쪽
- 풋고추(다진) … 2개

●파우더 향신료
 고춧가루 … 1/3작은술
 파프리카파우더 … 1작은술
 커민파우더 … 1/2작은술
 후추 … 1작은술
소금 … 적당량
설탕 … 2작은술
토마토 퓌레 … 3큰술
고수(다진) … 적당량

만드는 방법

1 닭고기에 A를 버무려 밑간을 한 후, 전분가루를 묻히고 달걀물을 섞는다. 190℃의 튀김기름에 3~4분 튀긴다.
2 프라이팬에 오일을 둘러 중불로 가열하고, 커민시드를 넣어 은은하게 색이 들 때까지 볶는다.
3 B를 넣고, 마늘에 살짝 색이 들 때까지 볶는다.
4 파우더 향신료, 소금, 설탕을 넣고 전체가 잘 어우러지게 섞는다.
5 토마토 퓌레를 넣고, 끓으면 1과 고수를 섞은 후 소금(분량 외)으로 간을 한다.

모르 쿨람부

재료(4인분)

A
- 토란(한입크기로 썬) … 500g
- 마늘(채썬) … 1쪽
- 생강(채썬) … 1쪽
- 풋고추(4등분한) … 3개
- 물 … 200㎖
- 소금 … 1작은술
- 터메릭 … 1/2작은술
- 양파(채썬) … 1/3개

코코넛파인 … 50g
커민시드 … 1작은술
요구르트 … 200g

●템퍼링
 식용유 … 2큰술
 머스터드시드 … 1/2작은술
 홍고추 … 4개
 고춧가루 … 1/8작은술

만드는 방법

1 냄비에 A를 넣어 센불에 올린 후, 끓으면 뚜껑을 덮고 5분 정도 약불로 졸인다.
2 코코넛파인, 커민시드, 물 조금(분량 외)을 믹서로 갈아 페이스트 상태를 만든다.
3 1의 냄비에 2를 넣고 5분 정도 중불로 끓인다.
4 토란이 익으면 불을 끄고, 잘 휘저은 요구르트를 넣어 섞는다.
5 【템퍼링】작은 프라이팬에 식용유를 둘러 중불로 가열하고, 머스터드시드를 넣어 가열한다. 머스터드시드가 톡톡 튀다 잦아들면 나머지 향신료를 넣고, 향신료에 색이 들 때까지 볶는다.
6 4의 냄비에 5를 넣어 골고루 섞고 소금(분량 외)으로 간을 한다.

인도 카레

티엘

재료(4인분)

A	머스터드시드 … 1/2작은술	양파(채썬) … 1/2개
	통후추 … 1/2작은술	터메릭 … 1/2작은술
	홍고추 … 4개	코리앤더파우더 … 1큰술
식용유 … 4큰술		소금 … 1작은술
마늘(으깬) … 2쪽		타마린드(미지근한 물 200㎖에 불린)
코코넛파인 … 50g		… 10g
머스터드시드 … 1/2작은술		가지(직사각형으로 썬) … 4개
홍고추 … 2개		

만드는 방법

1 프라이팬을 중불로 가열하고 **A**를 넣어, 은은하게 색이 들 때까지 볶는다. 향신료를 꺼내고 식용유 1큰술을 둘러 가열한 후, 마늘과 코코넛파인을 넣어 은은하게 색이 들 때까지 볶는다. **A**를 다시 넣어 섞은 후 믹서에 담고, 필요하면 물(분량 외)을 넣어 페이스트 상태를 만든다.
2 프라이팬에 식용유 3큰술을 둘러 중불로 가열하고, 머스터드시드를 볶는다. 머스터드시드가 톡톡 튀다 잦아들면 홍고추를 넣고 살짝 볶는다.
3 양파를 넣고, 중불로 양파에 색이 들 때까지 볶은 후 터메릭, 코리앤더, 소금을 넣어 살짝 볶는다. 1의 페이스트를 넣어 잘 어우러지게 섞는다.
4 타마린드를 미지근한 물 속에서 씨를 제거하듯 손으로 비빈 후, 체로 거르면서 3에 넣어 7~8분 끓인다.
5 가지를 넣고, 뚜껑을 덮어 4~5분 끓인 후 소금(분량 외)으로 간을 한다.

오란

재료(4인분)

무(껍질을 제거하고 한입크기로 썬)	●템퍼링
… 600g	식용유 … 1큰술
풋고추(세로로 칼집을 낸) … 2개	홍고추 … 1개
소금 … 1/2작은술	
물 … 200㎖	
코코넛밀크 … 200㎖	
레드키드니(통조림) … 150g	

만드는 방법

1 냄비에 무, 풋고추, 소금, 물을 넣고 중불로 가열하여, 끓으면 7~8분 약불로 졸인다.
2 코코넛밀크와 레드키드니를 넣고 센불로 가열하여, 끓으면 5분 정도 약불로 졸인다.
3 【템퍼링】작은 프라이팬에 식용유를 둘러 약불로 가열하고, 홍고추를 넣어 색이 들면 2의 냄비에 넣는다. 오일이 잘 섞이면 소금(분량 외)으로 간을 한다.

인도카레

삼바르

재료(4인분)

투르 달 … 100g
터메릭 … 1작은술
타마린드(미지근한 물 500㎖에 불린) … 15g
무(직사각형으로 썬) … 1/3개
양파(한입크기로 썬) … 1/2개
토마토(한입크기로 썬) … 1개
가지(직사각형으로 썬) … 2개
고춧가루 … 1/2작은술
코리앤더파우너 … 1큰술
소금 … 적당량

●템퍼링
　식용유 … 3큰술
　머스터드시드 … 1작은술
　홍고추 … 2개
　양파(다진) … 1/8개(2큰술)
　고춧가루 … 1/4작은술
고수(듬성듬성 썬) … 적당량

만드는 방법

1　냄비에 넉넉한 양의 물(분량 외)을 끓이고, 투르 달과 터메릭을 넣어 페이스트 상태가 될 때까지 끓인다.
2　다른 냄비를 준비하고, 타마린드를 미지근한 물 속에서 씨를 제거하듯 손으로 비빈 후 체로 걸러내며 냄비에 담는다. 무, 양파, 토마토를 넣고 채소가 익을 때까지 끓인다.
3　가지, 고춧가루, 코리앤더파우더, 소금, 1을 넣고 잘 어우러지게 섞는다.
4　【템퍼링】프라이팬에 식용유를 둘러 가열하고, 머스터드시드를 넣어 톡톡 튀다 잦아들면 홍고추를 넣는다. 양파를 넣어 여우색이 될 때까지 중불로 볶은 후, 고춧가루를 넣고 잘 어우러지게 섞는다.
5　3의 냄비에 4를 섞고, 고수를 더한 후 소금(분량 외)으로 간을 한다.

오크라 & 요구르트 카레

재료(4인분)

식용유 … 3큰술
머스터드시드 … 1/2작은술
커민시드 … 1/2작은술
양파(굵게 다진) … 1/2개
마늘(굵게 다진) … 1쪽
생강(굵게 다진) … 1쪽
오크라(1㎝ 폭으로 썬) … 8개
터메릭 … 1/2작은술

요구르트(물 100㎖와 잘 섞은) … 300g
소금 … 적당량

만드는 방법

1　냄비에 식용유를 둘러 중불로 가열하고, 머스터드시드와 커민시드를 넣은 후 머스터드시드가 톡톡 튀다 잦아들 때까지 볶는다.
2　양파, 마늘, 생강을 넣고 숨이 죽을 때까지 볶은 후 오크라와 터메릭을 넣어 볶는다.
3　오크라가 익으면 요구르트와 소금을 넣고 약불로 줄여, 끓어오르지 않게 4~5분 졸인다. 소금(분량 외)으로 간을 한다.

시금치 포리얄

재료(2인분)

참기름 ⋯ 2큰술
홍고추 ⋯ 3개
머스터드시드 ⋯ 1/2작은술(조금 적게)
커민시드 ⋯ 1/2작은술
마늘(다진) ⋯ 1쪽
시금치(뿌리는 다지고, 잎과 줄기는 3㎝ 폭으로 썬) ⋯ 6포기 분량(120g)
코코넛파인 ⋯ 1큰술(조금 많게)
소금 ⋯ 1/2작은술

만드는 방법

1 냄비에 참기름을 둘러 중불로 가열하고, 홍고추와 머스터드시드를 넣어 볶는다.
   머스터드시드가 톡톡 튀다 잦아들면 커민시드를 넣고, 곧바로 마늘과 시금치 뿌
   리를 넣어 향이 날 때까지 볶는다.
2 시금치 잎과 줄기, 코코넛파인, 소금을 넣고 뚜껑을 덮어, 냄비를 흔들면서 중불로
   전체를 익힌다.
3 뚜껑을 연 후, 불을 세게 올려 살짝 섞는다.

양배추 토렌

재료(4인분)

●코코넛 페이스트
  마늘 ⋯ 4쪽
  생강 ⋯ 1쪽
  풋고추 ⋯ 2개
  코코넛파인 ⋯ 30g
  커민시드 ⋯ 1작은술
오일 ⋯ 1큰술

머스터드시드 ⋯ 1작은술
차나 달 ⋯ 1큰술
홍고추 ⋯ 3개
양파(다진) ⋯ 1/2개
소금 ⋯ 1작은술
터메릭 ⋯ 1/2작은술
양배추(채썬) ⋯ 1/4개

만드는 방법

1 코코넛 페이스트 재료와 물 조금(분량 외)을 믹서로 갈아, 거친 페이스트 상태를
   만든다.
2 프라이팬에 오일을 둘러 중불로 가열하고, 머스터드시드를 넣어 톡톡 튀다 잦아
   들면 차나 달과 홍고추를 넣은 후 향이 날 때까지 볶는다.
3 양파를 넣고, 숨이 죽을 때까지 볶은 후 소금 1/2작은술과 터메릭을 넣어 잘 섞는다.
4 양파 가장자리에 은은하게 색이 들면 1 의 페이스트를 넣고 살짝 볶는다.
5 나머지 소금 1/2작은술과 양배추를 넣어 잘 섞은 후, 뚜껑을 덮고 2~3분 약불로
   끓인다. 양배추가 익으면 소금(분량 외)으로 간을 한다.

인도카레

라삼

재료(4인분)

● 홀 향신료
　커민시드 … 1작은술
　통후추 … 1작은술
타마린드(미지근한 물 100㎖로 불린) … 30g
물 … 1ℓ
토마토(듬성듬성 썬) … 1개
풋고추(세로로 칼집을 낸) … 3개
마늘(으깬) … 2쪽
● 파우더 향신료
　고춧가루 … 1작은술
　터메릭 … 1/2작은술
소금 … 2큰술
● 템퍼링
　식용유 … 2큰술
　머스터드시드 … 1작은술
　홍고추 … 3개
　뭉 달 … 2작은술
고수(듬성듬성 썬) … 1포기

만드는 방법

1 작은 프라이팬에 홀 향신료를 넣고 중불로 볶는다. 커민시드에 색이 들면, 꺼내서 가볍게 으깬다.

2 타마린드를 미지근한 물 속에서 씨를 제거하듯 손으로 비빈 후, 체로 거르면서 냄비에 담는다. **1**, 물, 토마토, 풋고추, 마늘, 파우더 향신료를 넣고 센불로 끓인다. 한소끔 끓인 후 뚜껑을 덮고, 15분 정도 약불로 졸인 다음 소금을 넣는다.

3 【템퍼링】작은 프라이팬에 식용유를 둘러 중불로 가열하고, 머스터드시드를 넣은 후 뚜껑을 덮는다. 머스터드시드가 톡톡 튀다 잦아들면, 홍고추와 뭉 달을 넣고 뭉 달에 은은하게 색이 들 때까지 볶는다.

4 **2**의 냄비에 **3**을 한 번에 넣고, 고수를 더해 살짝 섞는다. 필요하면 소금(분량 외)으로 간을 한다.

254 ——— 생선 다시에 타마린드의 신맛이 찰떡궁합!

피쉬카레

재료(4인분)

식용유 … 4큰술
양파(채썬) … 1개
마늘(채썬) … 3쪽
생강(채썬) … 3쪽
풋고추(채썬) … 4개
● 파우더 향신료
　코리앤더파우더 … 1큰술
　호로파파우더 … 1/2작은술
　터메릭 … 1/2작은술
　고춧가루 … 1/2작은술
타마린드(미지근한 물 600㎖에 불린) … 20g
토마토(듬성듬성 썬) … 1개
소금 … 1작은술
방어(토막썰기한) … 1/2마리
● 템퍼링
　식용유 … 2큰술
　머스터드시드 … 1/2작은술
　홍고추 … 2개

만드는 방법

1 냄비에 식용유를 둘러 중불로 가열하고, 양파를 넣어 숨이 죽을 때까지 볶은 후 마늘, 생강, 풋고추를 넣고 볶는다.
2 양파가 족제비색(P.17)이 되면 파우더 향신료를 넣고 살짝 볶는다.
3 타마린드를 미지근한 물 속에서 씨를 제거하듯 손으로 비빈 후, 체로 거르면서 넣는다. 토마토, 소금을 넣고, 끓으면 뚜껑을 덮어 10분 정도 약불로 졸인다.
4 방어를 넣고 센불로 올린 후, 끓으면 뚜껑을 덮어 10분 정도 약불로 졸인다.
5 【템퍼링】 프라이팬에 식용유를 둘러 약불로 가열하고, 머스터드시드를 넣은 후 톡톡 튀다 잦아들면 홍고추를 넣어 살짝 볶는다.
6 4의 냄비에 5를 넣어 잘 섞은 후, 소금(분량 외)으로 간을 한다.

인도 카레

255 ——— 바삭하게 구워낸 고소한 향이 밥에 잘 어울리는

생선튀김

재료(4인분)

전갱이(손질하여 양쪽 면에 칼집을 낸) … 4마리
소금, 후추 … 조금씩
● 페이스트용 재료 & 향신료
　마늘(간) … 1쪽
　생강(간) … 1/2쪽
　레몬즙 … 1/2개 분량
　소금 … 1/2작은술
　터메릭 … 1/2작은술
　파프리카파우더 … 1작은술
　코리앤더파우더 … 1작은술
　고춧가루 … 1/2작은술
오일 … 4큰술

만드는 방법

1 전갱이는 물기를 닦고 소금, 후추를 뿌린다.
2 볼에 페이스트용 재료 & 향신료를 골고루 섞은 후, 전갱이 양쪽 면에 발라 냉장고에 1시간 정도 재운다.
3 프라이팬에 오일을 둘러 중불로 가열하고, 전갱이를 넣은 후 뚜껑을 덮어 중간에 뒤집으면서 양쪽 면을 4~5분 굽는다.

——— 토마토와 레몬의 상큼한 신맛이 맛있는 생선카레

민 모일리

재료(4인분)

전갱이(손질한) … 4마리
A | 소금, 후추 … 조금씩
    | 터메릭 … 조금
    | 레몬즙 … 1/2개 분량
식용유 … 5큰술
카다몬 홀 … 5개
시나몬스틱 … 적당량
양파(채썬) … 1개
풋고추(채썬) … 6개
마늘(채썬) … 1쪽
생강(채썬) … 1쪽
●파우더 향신료
 터메릭 … 1/2작은술
 코리앤더파우더 … 1작은술
 호로파파우더 … 1작은술
물 … 200㎖
코코넛밀크 … 200㎖
소금 … 1작은술(조금 적게)
식초 … 2작은술
토마토(듬성듬성 썬) … 1개
●템퍼링
 식용유 … 1큰술
 머스터드시드 … 1/3작은술
 홍고추 … 4개

만드는 방법

1 전갱이에 A를 버무리고, 프라이팬에 식용유 2큰술을 둘러 중불로 가열한 후 양쪽 면을 살짝 구워서 꺼낸다.
2 냄비에 식용유 3큰술을 둘러 중불로 가열하고, 카다몬과 시나몬을 넣어 향이 날 때까지 볶는다. 양파를 넣고 숨이 죽으면 풋고추, 마늘, 생강을 넣어 양파에 은은하게 색이 들 때까지 볶는다.
3 파우더 향신료를 넣어 잘 섞은 후, 물을 붓고 뚜껑을 덮어 5분 정도 끓인다.
4 1, 코코넛밀크, 소금, 식초를 넣고 끓으면 7~8분 약불로 졸인 후 토마토를 넣는다.
5 【템퍼링】프라이팬에 식용유를 둘러 약불로 가열하고, 머스터드시드를 넣은 후 톡톡 튀다 잦아들면 홍고추를 넣어 살짝 볶는다.
6 4의 냄비에 5를 넣어 잘 섞고 소금(분량 외)으로 간을 한다.

——— 포일로 찌듯이 구운, 폭신한 생선구이

민 폴리차투

재료(4인분)

방어(먹기 좋은 크기로 썬) … 400g
소금, 후추 … 조금씩
●페이스트용 재료
 양파(다진) … 1/2개
 풋고추(다진) … 3개
 마늘(간) … 1쪽
 생강(간) … 1/2쪽
 소금 … 1/2작은술(조금 많게)~
 레몬즙 … 1큰술
 파프리카파우더 … 1작은술
 터메릭 … 1/2작은술
 고춧가루 … 1/2작은술
 식용유 … 2큰술
 물 … 조금

만드는 방법

1 방어에 소금, 후추를 뿌린다. 볼에 페이스트용 재료를 모두 넣고 섞는다. 간을 보고 필요하면 소금을 넣는다.
2 2번 접은 포일에 1의 페이스트를 얇게 깔고, 생선을 올린 후 나머지 페이스트를 골고루 바른다. 알루미늄포일의 가장자리를 접어 밀봉한다.
3 프라이팬을 중불로 가열하고, 2를 넣어 뚜껑을 덮은 후 생선 속이 익을 때까지 양쪽 면을 7~10분씩 굽는다(생선 두께에 따라 시간 조절).

인도카레

코코넛치킨

재료(2인분)

오일 … 2큰술
머스터드시드 … 1작은술(조금 적게)
홍고추 … 3개
커민시드 … 1/2작은술
양파(슬라이스한) … 1/2개
마늘(간) … 1쪽
생강(간) … 1쪽

● 파우더 향신료
　터메릭 … 1작은술(조금 적게)
　코리앤더파우더 … 1작은술(조금 많게)
소금 … 1+1/2작은술
물 … 100㎖
닭다리살(껍질제거, 한입크기로 썬)
… 350g
코코넛밀크 … 250㎖

만드는 방법

1　냄비에 오일, 머스터드시드, 홍고추를 넣고 약불로 가열하여, 머스터드시드가 톡톡 튀다 잦아들 때까지 볶는다. 커민시드를 넣어 살짝 섞고, 곧바로 양파를 넣어 섞는다.
2　양파가 은은하게 여우색이 될 때까지 볶고, 마늘과 생강을 넣어 살짝 볶는다.
3　파우더 향신료와 소금을 넣어 섞은 후, 물을 붓고 센불로 한소끔 끓인다. 닭다리살을 넣고 뚜껑을 덮어, 5분 정도 약불로 끓인다.
4　뚜껑을 열고, 코코넛밀크를 넣어 센불로 한소끔 끓인 후 약불로 줄여 3분 정도 졸인다.

인도카레

259 ——— 크림스튜처럼 부드러운 코코넛카레

케랄라 스튜

재료(4인분)

버터 … 30g
● 홀 향신료
　카다몬 홀 … 10개
　정향 홀 … 10개
　시나몬스틱 … 1개
감자(한입크기로 썬) … 2개
당근(한입크기로 썬) … 1/2개
물 … 400㎖
닭다리살(껍질 제거, 한입크기로 썬) … 1개
생강(슬라이스한) … 2장

풋고추(세로로 칼집을 낸) … 1개
코코넛밀크 … 400㎖
꼬투리강낭콩(2㎝ 폭으로 썬) … 50g
양파(한입크기로 썬) … 1개
소금 … 1작은술

만드는 방법

1　냄비에 버터를 중불로 가열하고 홀 향신료를 볶아, 카다몬이 통통하게 부풀어 오르면 감자와 당근을 넣어 살짝 볶은 후 물을 더한다. 끓으면 약불로 4~5분 졸인다.
2　닭다리살, 생강, 풋고추를 넣어 센불에 올리고, 끓으면 2~3분 약불로 졸인다.
3　코코넛밀크, 꼬투리강낭콩, 양파를 넣어 센불에 올리고, 끓으면 5분 정도 약불로 졸인 후 소금을 넣는다. 필요하면 소금(분량 외)으로 간을 한다.

포크 빈달루

재료(4인분)

돼지고기(등심, 한입크기로 썬) … 400g
- 마리네이드액
  마늘(간) … 1쪽
  생강(간) … 1/2쪽
  화이트와인 … 2큰술
  소금 … 1/2작은술
  터메릭 … 1작은술
- 빈달루 페이스트
  오일 … 2큰술
  시나몬스틱 … 1개
  정향 홀 … 20개
  홍고추 … 10개
  마늘(다진) … 1쪽
  와인비네거 … 100㎖
식용유 … 4큰술
양파(다진) … 1개
토마토(듬성듬성 썬) … 1개
- 파우더 향신료
  코리앤더파우더 … 1큰술
  파프리카파우더 … 1큰술
  커민파우더 … 1작은술
설탕 … 1작은술
소금 … 1작은술
물 … 300㎖
코코넛밀크 … 100㎖

만드는 방법

1 돼지고기는 마리네이드액 재료와 섞어 냉장고에 1시간 정도 재운다.

2 【빈달루 페이스트】냄비에 오일을 둘러 약불로 가열하고 시나몬, 정향, 홍고추를 넣어 살짝 볶는다. 마늘을 넣어 여우색이 될 때까지 볶은 후 불을 끄고 한 김 식힌다. 식으면 와인비네거를 넣고 중간중간 물(분량 외)을 더하면서 믹서로 갈아 페이스트 상태를 만든다.

3 다른 냄비에 식용유를 둘러 중불로 가열하고, 양파를 넣어 족제비색 (P.17)이 될 때까지 볶은 후 토마토를 넣고, 토마토의 형태가 뭉개질 때까지 볶는다. 파우더 향신료, 설탕, 소금을 넣고 살짝 볶는다.

4 **1**의 돼지고기를 넣고, 표면에 색이 살짝 들 때까지 볶은 후 **2**를 넣어 전체가 잘 어우러지게 볶는다 .

5 물과 코코넛밀크를 넣어 센불에 올리고, 끓으면 뚜껑을 덮은 후 1시간 정도 약불로 졸인다. 소금(분량 외)으로 간을 한다.

나이르 요시미

카레전문 레시피 개발그룹 「틴 팬 카레」에서 「남인도 카레」를 담당하며, 남인도 카레를 총괄 개발 중이다. 도쿄 긴자에서 창업 70년 이상을 자랑하는, 일본에서 가장 오래된 인도음식점 「나이르 레스토랑」의 3대째라는 것 또한 주목할 점이다. 일본 인도요리계의 명문가 출신인 셈이다.

남인도 케랄라주 출신의 할아버지 A. M. 나이르는 인도 독립운동의 혁명가였다. 나이르 요시미는 인도 고아주에서 1년간 견습을 했으며, 5성급 호텔 레스토랑에서 일하는 동시에 요리학교에 다니며 기술을 연마했다. 현재 오너로 있는 「나이르 레스토랑」에 우수한 인도인 셰프가 여럿 있는데, 그들이 나이르 요시미의 오른팔로 활약 중이다. 즉 레스토랑 영업을 하면서도, 분명한 식견을 가진 셰프들로부터 기술을 자유롭게 배울 수 있는 환경인 셈이다.

나이르 요시미가 선보이는 조리기술의 특징은 불 조절에 강약이 있다는 점이다. 어떤 재료든 그의 손을 거치면 상상을 초월한 향이 탄생하고, 요리 전체가 향기롭게 변신한다. 타고난 재능을 살려 와인 소믈리에 자격증까지 갖춘 만큼, 레스토랑 오너로서 빈틈을 찾아볼 수 없다. 우아한 향을 좋아하고, 매일같이 주방에서 손님이 원하는 카레를 만들어 내며 기대에 부응하고 있다. (미즈노 진스케)

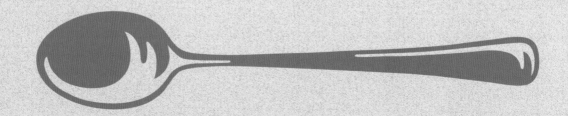

Part

5

세계의 카레·여러 가지 카레 요리

태국 등 동남아시아를 비롯해

카레는 전 세계에 존재한다.

각 나라의 카레로 여행 기분을 맛보는 것도 좋고,

레토르트나 카레가루의 새로운 매력을 즐기는 것도 좋다.

갓 튀긴 카레빵은 천상의 맛!

● 카레빵
일본

세계의 카레·여러 가지 카레 요리

재료(3개 분량)

핫케이크 믹스 … 100g

강력분 … 50g

A
| 소금 … 1작은술
| 레토르트 드라이이스트 … 1작은술
| 올리브오일 … 1+1/2큰술
| 우유 … 40㎖
| 물 … ㎖

●튀김옷
　날샬불 … 1개 분량
　빵가루 … 적당량

카레 … 120g　➡ 만드는 방법은 P.218 참고

튀김기름 … 적당량

만드는 방법

1　지퍼백에 핫케이크 믹스와 강력분을 넣고 섞는다. 내열용기에 **A**를 넣고 섞은 후, 비닐랩을 씌워 전자레인지에 30초 가열한다.

2　**1**의 지퍼백에 가열한 재료를 넣고, 공기가 조금 들어가도록 지퍼백을 닫는다.

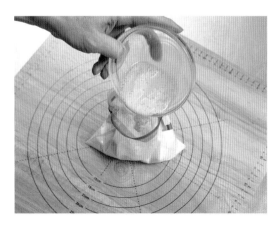

3 지퍼백 모서리를 안쪽으로 넣어가며 엄지, 검지, 중지 세 손가락으로 비벼 섞는다.

4 가루 느낌이 없어질 때까지 같은 방법으로 섞는다.

> **POINT 1**
> 중간중간 방향을 바꿔가며 바깥쪽에서 안쪽으로 주물러야 골고루 섞인다.

5 가루 느낌이 없어지면, 지퍼백 입구를 열어 평평하게 펴면서 공기를 뺀 후 지퍼백의 입구를 닫아 10분 정도 휴지시킨다.

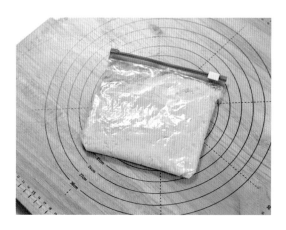

6 휴지시킨 후 **3**과 같은 방법으로 다시 반죽한다.

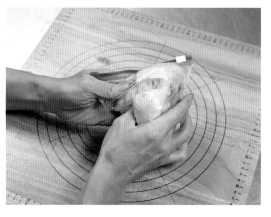

7 지퍼백 안쪽에 반죽이
달라붙지 않을 때까지
표면을 계속 주무른다.

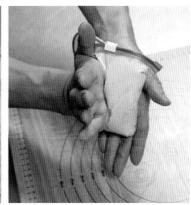

8 철판에 강력분(분량 외)을 넓게 뿌리고, 지
퍼백에서 꺼낸 반죽을 올린 후 저울로 계량
하면서 균등하게 3등분한다.

POINT 2
사진처럼 스크레이퍼가 있으면 분할하기 쉽다.

9 분할한 반죽을 각각 둥글린다.

POINT 3
위에서 아래로, 쓰다듬듯이 움직여 타원모양으로
둥글게 만든다.

10 밀대로 부드럽게 밀어, 공기를 빼면서 길이
약 10㎝ × 폭 약 8㎝의 타원모양으로 성형
한다.

11 **Ⓐ** 반죽 하나당 카레를 40g씩 올리고, 손가락으로 양쪽 끝을 늘리면서 감싼다. **Ⓑ** 먼저 위쪽 반죽만 붙이고, **Ⓒ** 카레가 삐져나가지 않도록 조금씩 반죽을 늘리면서 좌우를 붙인다. **Ⓓ** 잘 붙었는지 이음매를 확인한 후 가볍게 굴려, 레몬 모양이 되도록 성형한다.

POINT 4
카레를 미리 냉장고에 넣어 차갑게 두면 성형하기 좋다.

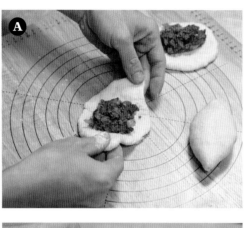

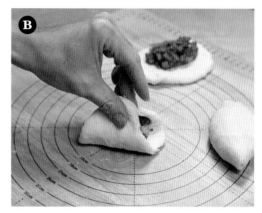

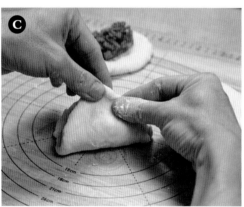

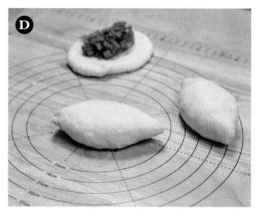

12 성형한 반죽 모양이 흐트러지지 않게 달걀물, 빵가루 순으로 튀김옷을 입히고, 이음매 부분이 아래를 향하도록 트레이에 올린다.

13 튀기기 전에 찢어지지 않도록, 꼬치로 1~2
군데 구멍을 낸다.

14 냄비에 튀김기름을 170℃로 가열하고, 반죽
을 넣어 튀긴다.

POINT 5
튀김기름은 반죽이 반쯤 잠길 정도의 양을 넣는다.

15 한쪽 면을 2분 정도 튀긴 후, 뒤집어서 2분
정도 더 튀긴다. 이때 다시 이쑤시개나 꼬치
로 찔러 공기를 빼 둔다.

16 튀긴 후 철망 위에 올려 기름기를 제거한다.

세계의 카레 · 여러 가지 카레 요리

| technique |

카레빵용 카레 만드는 방법

속재료인 카레는 무엇이든 OK! 수분이 적은 키마카레를 추천하는데, 전자레인지로 만들 수 있는 간단한 레시피를 소개한다.

재료(3개 분량)

올리브오일 … 1큰술
마늘(간) … 1/2작은술(튜브 제품도 가능)
생강(간) … 1/2작은술(튜브 제품도 가능)
양파(굵게 다진) … 1/4개
다짐육 … 100g
토마토 퓌레 … 2큰술
카레 루 … 1인분(1개)

1 내열용기에 올리브오일, 마늘, 생강, 양파를 넣고 골고루 섞은 후 전자레인지에 2분 30초 가열한다.

2 다짐육과 토마토 퓌레를 넣고 골고루 섞는다.

3 2의 한가운데 부분을 움푹하게 만든 후 전자레인지로 3분 가열한다.

4 수분이 고인 부분에 루를 녹여 섞은 후 전자레인지에 1분 가열한다.

5 트레이에 넣고 한 김 식힌다.

POINT 드라이카레가 아닌, 걸쭉하거나 수분이 있는 루 카레 등을 카레빵에 사용할 때는 카레 100g당 1~2g의 빵가루를 넣어 만들면 좋다.

세계의 카레 · 여러 가지 카레 요리

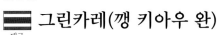

그린카레(깽 키아우 완)
태국

재료(2인분)

오일 ⋯ 1큰술
닭다리살(한입크기로 썬) ⋯ 150g
가지(껍질 제거, 크게 마구썰기한) ⋯ 3개
피망(가늘게 썬) ⋯ 1~2개
그린카레 페이스트 ⋯ 20g
물 ⋯ 150㎖
코코넛밀크 ⋯ 150㎖
남플라 ⋯ 1큰술
혹귤잎 ⋯ 적당량

만드는 방법

1 냄비에 오일을 둘러 중불로 가열하고 닭고기, 가지, 피망을 넣어 3분 정도 볶는다.
2 카레 페이스트와 물을 넣고 섞은 후 코코넛밀크를 부어 센불로 한소끔 끓인다.
3 남플라와 혹귤잎을 넣고 5분 정도 약불로 끓인다.

263 ——— 돼지고기의 단맛과 영콘의 식감을 즐기는

옐로카레(깽 카리)
태국

재료(2인분)

오일 ⋯ 1큰술
돼지고기(얇은 삼겹살, 한입크기로 썬) ⋯ 150g
영콘(통조림, 세로로 2등분한) ⋯ 10개
옐로카레 페이스트 ⋯ 20g
물 ⋯ 100㎖
코코넛밀크 ⋯ 250㎖
남플라 ⋯ 1큰술
혹귤잎 ⋯ 적당량

만드는 방법

1 냄비에 오일을 둘러 중불로 가열하고, 돼지고기와 영콘을 넣어 3분 정도 볶는다.
2 카레 페이스트와 물을 넣어 섞은 후 코코넛밀크를 넣고 센불로 한소끔 끓인다.
3 남플라와 혹귤잎을 넣고, 5분 정도 약불로 끓인다.

세계의 카레·여러 가지 카레 요리

——— 토마토의 신맛과 단맛으로 매운맛을 부드럽고 산뜻하게

레드카레(깽 펫)

태국

재료(2인분)

오일 … 1큰술
닭다리살 … 1개(250g)
레드카레 페이스트 … 20g
물 … 100㎖
코코넛밀크 … 250㎖
방울토마토(2등분한) … 16개
남플라 … 1큰술
혹귤잎 … 적당량

만드는 방법

1 냄비에 오일을 둘러 중불로 가열하고, 닭다리살의 껍질쪽이 아래를 향하도록 넣어 노릇해질 때까지 구운 후, 뒤집어서 2분 정도 굽는다. 익으면 꺼내서 1㎝ 폭으로 썬다.
2 빈 냄비에 카레 페이스트와 물을 넣어 센불로 한소끔 끓인 후, 코코넛밀크를 넣고 약불로 살짝 끓인다.
3 방울토마토, 남플라, 혹귤잎을 넣고 섞는다. 1의 닭다리살을 다시 넣고 살짝 섞으면 완성.

265 ——— 포슬포슬한 감자와 닭고기의 만남!

마사만 카레(깽 마사만)

태국

세계의 카레 · 여러 가지 카레 요리

재료(2인분)

오일 … 1큰술
닭다리살(한입크기로 썬) … 200g
땅콩 … 10g
감자(큰 것, 작게 한입크기로 썬) … 1개
양파(웨지모양으로 썬) … 1/4개
옐로카레 페이스트 … 30g
●파우더 향신료
　레드칠리파우더 … 1/2작은술
　가람마살라 … 1작은술
물 … 100㎖
코코넛밀크 … 250㎖
우메보시(과육을 다진) … 2개 분량
설탕 … 1큰술
남플라 … 1큰술
혹귤잎 … 적당량

만드는 방법

1 냄비에 오일을 둘러 중불로 가열하고, 닭다리살과 땅콩을 넣어 3분 정도 볶는다.
2 감자와 양파를 넣고 3분 정도 볶는다.
3 카레 페이스트, 파우더 향신료, 물을 섞어 5분 정도 끓인 후 나머지 재료를 모두 넣고 센불로 한소끔 끓인다. 약불로 줄여 10분 정도 끓인다.

파냉 카레(깽 파냉)

태국

재료(2인분)

오일 … 1큰술
소고기(가로세로 2cm × 길이 5cm로 썬) … 200g
감자(한입크기로 썬) … 1개
양파(웨지모양으로 썬) … 1/2개
레드카레 페이스트 … 20g
코코넛밀크 … 300㎖
설탕 … 1/2작은술
남플라 … 1작은술
혹귤잎 … 적당량

만드는 방법

1 냄비에 오일을 둘러 중불로 가열하고, 소고기를 넣어 색이 변할 때
까지 볶는다. 감자와 양파를 넣고 3분 정도 볶은 후, 카레 페이스
트를 섞는다.
2 코코넛밀크를 넣어 한소끔 끓인 후 설탕, 남플라, 혹귤잎을 넣고 5
분 정도 중불로 보글보글 끓인다.

267 ———— 고기도 채소도 듬뿍 넣어 다채롭고 산뜻하게!

정글 카레(깽 파)

태국

재료(2인분)

오일 … 1큰술
홍고추 … 2개
닭다리살(한입크기로 썬) … 100g
만가닥버섯(작은 송이로 나눈) … 150g
가지(어슷썰기한) … 1개
꼬투리강낭콩(3cm 폭으로 썬) … 10개
레드카레 페이스트 … 20g
물 … 250㎖
치킨부용 가루 … 1작은술
남플라 … 1큰술
고수(다진) … 적당량

만드는 방법

1 냄비에 오일을 둘러 중불로 가열하고, 홍고추와 닭다리살을 넣어
표면 전체에 색이 들 때까지 볶는다.
2 만가닥버섯, 가지, 꼬투리강낭콩을 넣어 살짝 볶은 후 카레 페이스
트를 섞는다.
3 물을 넣어 센불로 한소끔 끓이고, 치킨부용 가루와 남플라를 넣은
후 10분 정도 약불로 졸인다. 고수를 섞어 마무리한다.

카오 소이

태국

재료(2인분)

오일 … 2큰술
중화면(생) … 2봉지(150g)
닭다리살(한입크기로 썬) … 200g
가지(작은 것, 마구썰기한) … 1개
레드카레 페이스트 … 20g
물 … 300㎖
닭뼈육수 가루(과립) … 1작은술

코코넛밀크 … 250㎖
설탕 … 조금
남플라 … 2작은술
바질 … 적당량
혹귤잎 … 5장(있는 경우)
레몬(웨지모양으로 썬)
… 2조각(취향에 맞게)

만드는 방법

1 냄비에 오일을 둘러 가열하고, 중화면 1/4분량을 풀어 넣어 30초 정도 튀긴 후 꺼내 둔다.
2 빈 냄비에 여분의 오일을 가볍게 두른 후, 닭다리살과 가지를 넣어 중불로 살짝 볶고 카레 페이스트를 섞는다.
3 물을 부어 센불로 한소끔 끓이고 닭뼈육수와 코코넛밀크를 넣어 10분 정도 약불로 졸인 후 설탕, 남플라, 바질, 혹귤잎을 넣어 섞는다.
4 남은 중화면을 표기된 방법대로 삶아 그릇에 담고, 3의 카레를 부은 후 1의 중화면을 올린다. 취향에 따라 레몬을 곁들인다.

나시 칸다르 치킨카레

말레이시아

세계의 카레 · 여러 가지 카레 요리

재료(2인분)

오일 … 5큰술
● 홀 향신료
　머스터드시드 … 1작은술
　홍고추 … 2개
　팔각 … 1/2개
　커민시드 … 1/2작은술
양파(슬라이스한) … 1/4개
　　마늘(간) … 1작은술
　　생강(간) … 2작은술
A 풋고추(다진) … 1개
　　커리잎(생) … 10장
　　카레가루 … 1큰술(조금 많게)

닭고기(뼈 포함, 토막썰기한) … 250g
코코넛밀크 … 1큰술
토마토 통조림 … 50g
플레인요구르트 … 100g
B 물 … 200㎖
소금 … 1작은술(조금 적게)
설탕 … 1작은술(조금 적게)
판단잎 … 10cm
혹귤잎 … 약 6장
고수(뿌리와 잎을 다진) … 1포기

만드는 방법

1 냄비에 오일과 머스터드시드를 넣고 센불에 올린다. 머스터드시드가 톡톡 튀면 불을 끄고 남은 홀 향신료를 넣어 섞는다.
2 양파를 넣어 중불에 올리고, 중간중간 저어가며 여우색이 될 때까지 튀기듯 구운 후 A를 넣어 섞는다.
3 B를 넣어 센불로 한소끔 끓인 후, 뚜껑을 덮고 20분 정도 약불로 졸인다.

🏳️🐘 스리랑카식 고기카레
스리랑카

재료(2인분)

오일 … 2큰술
양파(슬라이스한) … 1/4개
마늘(간) … 1쪽
생강(간) … 1쪽
●홀 향신료
　커리잎 … 10장
　판단잎(5㎝) … 2장
닭다리살(한입크기로 썬) … 300g
토마토(작은 것, 듬성듬성 썬)
… 1/2개

●파우더 향신료
　로스티드 카레파우더
　　… 1큰술(조금 많게)
　터메릭 … 1/2작은술
　후추 … 1/2작은술
소금 … 1작은술(조금 적게)
물 … 200㎖
코코넛밀크 … 2큰술

만드는 방법

1 냄비에 오일을 둘러 중불로 가열하고, 양파를 넣어 여우색이 될 때까지 볶는다.
2 마늘, 생강, 홀 향신료를 넣어 섞은 후 닭다리살, 토마토, 파우더 향신료, 소금을 넣고 3분 정도 볶는다.
3 물을 부어 센불로 한소끔 보글보글 끓인 후, 코코넛밀크를 더해 5분 정도 약불로 졸인다.

🏳️🐘 스리랑카식 생선카레
스리랑카

재료(2인분)

오일 … 2큰술
●홀 향신료
　시나몬스틱 … 3㎝
　커리잎 … 10장
　판단잎(5㎝) … 1장
참대구(토막썰기한) … 300g

　양파(슬라이스한) … 1/4개
　토마토(작은 것, 듬성듬성 썬) … 1/2개
A　풋고추(어슷썰기한) … 1개
　마늘(다진) … 1큰술
　카레가루 … 1큰술
　소금 … 1작은술(조금 적게)
물 … 150㎖
코코넛밀크 … 100㎖

만드는 방법

1 냄비에 오일, 홀 향신료, 참대구, **A**를 넣고 골고루 섞는다.
2 물을 부어 센불에 올린다. 끓으면 뚜껑을 덮고 5분 정도 약불로 졸인다.
3 뚜껑을 열고, 코코넛밀크를 부어 5분 정도 끓인다.

세계의 카레·여러 가지 카레 요리

——— 향신료가 따뜻한 채소에 배어든, 국물 없는 반찬용 카레

🇱🇰 스리랑카식 채소카레
스리랑카

재료(2인분)

감자(껍질 제거, 작게 한입크기
로 썬) ··· 2~3개
단호박(껍질 제거, 작게 한입크
기로 썬) ··· 120g
당근(껍질 제거, 작게 한입크기
로 썬) ··· 1개
오일 ··· 1큰술(조금 많게)
●홀 향신료
　브라운 머스터드시드 ··· 조금
　커민시드 ··· 1/2작은술

양파(슬라이스한) ··· 1/4개
마늘(다진) ··· 1쪽
●파우더 향신료
　터메릭 ··· 조금
　후추 ··· 1/2작은술
　레드칠리파우더 ··· 1작은술
소금 ··· 1작은술(조금 적게)
마른 멸치(작은 것) ··· 5마리

만드는 방법

1　냄비에 감자, 단호박, 당근, 물 적당량(분량 외)을 넣고 센불에 올
　려, 속이 익을 때까지 끓인다. 체에 올려 한 김 식힌다.
2　빈 냄비에 오일과 홀 향신료를 넣고 약불로 가열하여, 머스터드시
　드가 톡톡 튀면 양파와 마늘을 넣은 후 양파가 여우색이 될 때까
　지 중불로 볶는다.
3　1의 채소를 다시 넣은 후 파우더 향신료, 소금, 마른 멸치를 넣고
　볶는다.

——— 콩의 걸쭉함이 중독적인, 매일 먹고 싶은 정겨운 맛

🇱🇰 스리랑카식 콩카레
스리랑카

재료(2인분)

오일 ··· 1큰술
●홀 향신료
　브라운 머스터드시드
　··· 1/4작은술
　홍고추 ··· 2개
　커리잎 ··· 10장
　판단잎(3㎝) ··· 1장
　시나몬스틱 ··· 2㎝
양파(작은 것, 슬라이스한)
··· 1/4개
풋고추(어슷썰기한) ··· 1개

마늘(다진) ··· 1쪽
렌즈콩(믹스, 분쇄한) ··· 90g
카레가루 ··· 1작은술
소금 ··· 1작은술
물 ··· 600㎖
코코넛밀크 ··· 3큰술

만드는 방법

1　냄비에 오일을 둘러 중불로 가열하고 홀 향신료, 양파, 풋고추, 마
　늘을 넣어 살짝 볶는다.
2　씻어서 체에 올린 콩을 넣고 살짝 섞은 후, 카레가루와 소금을 넣
　어 1분 정도 섞는다.
3　물을 부어 센불로 한소끔 끓인 후, 코코넛밀크를 넣고 콩이 부드러
　워질 때까지 약불로 졸인다.

세계의 카레 · 여러 가지 카레 요리

네팔식 치킨카레

네팔

재료(2인분)

오일 … 3큰술
양파(슬라이스한) … 1/4개
닭다리살(뼈 포함, 토막썰기한)
… 300g
● 파우더 향신료
  터메릭 … 1/2작은술
  레드칠리파우더 … 1/2작은술
  커민 … 1작은술
  가람마살라 … 1/2작은술

소금 … 1작은술(조금 적게)
토마토(듬성듬성 썬) … 1/2개
마늘(간) … 1쪽
생강(간) … 1쪽
물 … 350㎖

만드는 방법

1 냄비에 오일을 둘러 중불로 가열하고, 양파를 넣어 여우색이 될 때까지 볶는다.
2 닭다리살을 넣어 표면 전체에 색이 들 때까지 볶는다.
3 파우더 향신료, 소금, 토마토, 마늘, 생강을 넣고 섞는다.
4 물을 부어 센불로 한소끔 끓인 후, 뚜껑을 덮고 30분 정도 약불로 졸인다.

네팔식 양고기카레

네팔

재료(2인분)

오일 … 3큰술
양파(슬라이스한) … 1/4개
양고기(한입크기로 썬) … 300g
토마토(듬성듬성 썬) … 1/2개
마늘(간) … 1쪽
생강(간) … 1쪽

● 파우더 향신료
  터메릭 … 1작은술
  커민파우더 … 1작은술
  레드칠리파우더 … 1/2작은술
  가람마살라 … 1작은술
소금 … 1작은술(조금 적게)
물 … 350㎖

만드는 방법

1 냄비에 오일을 둘러 중불로 가열하고, 양파를 넣어 여우색이 될 때까지 볶는다.
2 양고기를 넣어 살짝 볶은 후 토마토, 마늘, 생강, 파우더 향신료, 소금을 넣고 섞는다.
3 물을 부어 센불로 한소끔 끓인 후, 뚜껑을 덮고 30분 정도 약불로 졸인다.

세계의 카레 · 여러 가지 카레 요리

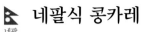

네팔식 콩카레

네팔

재료(2인분)

오일 … 1큰술
커민시드 … 1/2작은술
마늘(다진) … 1쪽
●파우더 향신료
  터메릭 … 1/2작은술
  가람마살라 … 조금
소금 … 1작은술(조금 적게)
콩(우라드 달) … 70g
물 … 700㎖
고수(다진) … 적당량

만드는 방법

1 냄비에 오일을 둘러 중불로 가열하고 커민시드, 마늘, 파우더 향신료, 소금을 넣어 살짝 볶은 후 콩을 넣어 섞고 물을 부어 센불로 한소끔 끓인다.
2 콩이 부드러워질 때까지 45분 정도 약불로 끓인 후, 콩을 으깨듯이 거품기로 저어 적당한 점도를 낸다. 고수를 섞어 마무리한다.

니하리

파키스탄

세계의 카레 · 여러 가지 카레 요리

재료(2인분)

버터 … 40g
소고기(한입크기로 썬) … 300g
튀긴 양파 … 50g
마늘(간) … 1쪽
●파우더 향신료
  가람마살라 … 2작은술
  레드칠리파우더 … 1/2작은술
소금 … 1작은술(조금 적게)
물 … 600㎖
밀가루 … 조금
생강(채썬) … 2쪽
고수(다진) … 적당량

만드는 방법

1 냄비에 버터를 중불로 가열하고, 소고기를 넣어 살짝 익을 때까지 볶는다.
2 튀긴 양파, 마늘, 파우더 향신료, 소금을 넣고 섞는다.
3 물을 부어 센불로 한소끔 끓인 후, 뚜껑을 덮고 4~5분 정도 약불로 졸인다. 뚜껑을 열고 밀가루를 넣어 살짝 끓인다.
4 생강과 고수를 섞어 마무리한다.

🔴 방글라데시식 생선카레

방글라데시

재료(2인분)

머스터드오일 … 2큰술
양파(슬라이스한/간) … 1/4개씩
마늘(간) … 2쪽
생강(간) … 2쪽

●파우더 향신료
   터메릭 … 1/2작은술
   레드칠리파우더 … 1/2작은술
   코리앤더파우더 … 2작은술
소금 … 1/2작은술
씨겨자 … 1큰술
물 … 200㎖
연어(토막썰기한) … 200g

만드는 방법

1 냄비에 머스터드오일을 둘러 중불로 가열하고, 슬라이스한 양파를 넣어 색이 살짝 들 때까지 볶은 후 간 양파를 넣어 3분 정도 볶는다.
2 마늘과 생강을 넣고 볶다가 파우더 향신료, 소금, 씨겨자를 넣어 섞는다.
3 물을 부어 센불로 한소끔 끓인 후, 연어를 넣고 익을 때까지 약불로 끓인다.

🔴 미얀마식 새우카레

미얀마

세계의 카레 · 여러 가지 카레 요리

재료(2인분)

오일 … 5큰술
양파(간) … 1/4개
감자(작게 한입크기로 썬) … 1/2개
마늘(간) … 1쪽
생강(간) … 1쪽
토마토(듬성듬성 썬) … 1/2개
땅콩(부순) … 30g

●파우더 향신료
   터메릭 … 1/2작은술
   레드칠리파우더 … 1/2작은술
   파프리카파우더 … 1작은술
   가람마살라 … 1작은술
물 … 150㎖
남플라 … 1큰술
새우(껍질을 벗기고 내장 제거)
   … 200g

만드는 방법

1 냄비에 오일을 둘러 중불로 가열하고, 양파와 감자를 넣어 노릇해질 때까지 볶는다.
2 마늘, 생강, 토마토, 땅콩을 넣어 살짝 볶은 후, 파우더 향신료를 넣고 1분 정도 볶는다.
3 물을 부어 센불로 한소끔 끓인 후, 남플라를 넣고 뚜껑을 덮어 5분 정도 약불로 졸인다. 뚜껑을 열고 새우를 넣어 익을 때까지 끓인다.

🇬🇧 치킨 티카마살라
영국

재료(2인분)

닭다리살(한입크기로 썬) … 300g
●마리네이드액
　마늘(간) … 1쪽
　생강(간) … 1쪽
　레몬즙 … 조금
　설탕 … 1작은술
　소금 … 1작은술(조금 적게)
　카레가루 … 1큰술(조금 많게)
버터 … 40g
토마토 퓌레 … 1큰술
생크림 … 200㎖

만드는 방법

1　볼에 닭다리살과 마리네이드액 재료를 넣고 골고루 버무려 둔다.
2　냄비에 버터를 중불로 가열하고, 1 의 닭다리살을 마리네이드액
　　째 넣어 한소끔 끓인 후 뚜껑을 덮고 5분 정도 약불로 졸인다.
3　뚜껑을 열어, 토마토 퓌레와 생크림을 섞고 살짝 끓인다.

---

281 ——— 아일랜드펍을 대표하는 안주용 카레

🇮🇪 펍 카레
아일랜드

재료(2인분)

오일 … 1큰술
양파(웨지모양으로 썬) … 1/2개
닭가슴살(한입크기로 썬) … 250g
물 … 200㎖
완두콩(통조림, 물기 제거) … 50g
치킨부용 가루 … 1작은술
카레 루 … 2인분

만드는 방법

1　냄비에 오일을 둘러 중불로 가열하고, 양파와 닭가슴살을 넣어 전
　　체에 색이 들 때까지 볶는다.
2　물을 부어 센불로 한소끔 끓인 후 완두콩, 치킨부용 가루를 넣고 5
　　분 정도 약불로 졸인다.
3　루를 녹여 섞은 후 5분 정도 끓인다.

282 ——— 매콤달콤하고 스파이시한 소스가 보디감 있는 독일 맥주에 제격!

▬ 카레 소시지
독일

재료(2인분)

소시지(칼집을 낸) … 12개
카레가루 … 2큰술
콜라 … 100㎖
오렌지주스 … 50㎖
케첩 … 3큰술

만드는 방법

1 프라이팬에 소시지를 올려 노릇하게 굽고, 꺼내 둔다.
2 빈 프라이팬에 카레가루, 콜라, 오렌지주스, 케첩을 넣고 졸여서 카레케첩을 만든다.
3 그릇에 소시지를 담고, 카레케첩을 얹은 후 카레가루 조금(분량 외)을 뿌린다.

283 ——— 카레에 과일!? 의외의 조합이 매력적인

✚ 과일 카레(리즈 카시미르)
스위스

재료(2인분)

버터 … 30g
양파(웨지모양으로 썬) … 1/2개
사과(껍질 제거 후 슬라이스한) … 1/4개
소고기(구이용) … 100g
카레가루 … 1큰술
소금 … 1/2작은술
물 … 150㎖
치킨부용 가루 … 1작은술(조금 적게)
바나나(어슷썰기한) … 1/2개
생크림 … 100㎖

만드는 방법

1 냄비에 버터를 중불로 가열하고 양파, 사과, 소고기를 넣어 살짝 볶는다.
2 카레가루와 소금을 넣어 섞은 후, 물을 부어 센불로 한소끔 끓이고 치킨부용 가루와 바나나를 넣어 3분 정도 약불로 졸인다.
3 생크림을 넣고 1분 정도 끓여 마무리한다.

게 카레
마카오

재료(2인분)

오일 … 1큰술
마늘(다진) … 1쪽
양파(슬라이스한) … 1/2개
게 … 2마리(250g)
카레가루 … 1큰술
물 … 200㎖
치킨부용 가루 … 2작은술
●물전분
　전분가루 … 1큰술
　물 … 4작은술

만드는 방법

1　냄비에 오일을 둘러 중불로 가열하고, 마늘과 양파를 넣어 살짝 볶는다.
2　게와 카레가루를 넣어 볶다가 물을 붓고 센불로 한소끔 끓인 후, 치킨부용 가루를 넣고 뚜껑을 덮어 10분 정도 약불로 졸인다.
3　뚜껑을 열고, 물전분을 넣어 빠르게 저으면서 걸쭉해질 때까지 살짝 끓인다.

커리 고트
자메이카

재료(2인분)

양고기(한입크기로 썬) … 300g　　오일 … 2큰술
●마리네이드액　　　　　　　　　　물 … 200㎖
　쌀식초 … 1큰술　　　　　　　　　타임 … 1줄기
　마늘(간) … 1쪽
　생강(간) … 1쪽
　대파(둥글게 썬) … 1개
　밀가루 … 조금
　치킨부용 가루 … 조금
　카레가루 … 1큰술(조금 많게)

만드는 방법

1　냄비에 양고기와 마리네이드액 재료를 섞어, 20분 정도 재워 둔다.
2　오일을 둘러 불에 올린 후, 고기 표면 전체에 색이 들 때까지 중불로 볶는다.
3　물과 타임을 넣어 센불로 한소끔 끓인 후, 뚜껑을 덮어 30분 정도 약불로 졸인다.

세계의 카레·여러 가지 카레 요리

피쉬 헤드

싱가포르

재료(2인분)

생선 머리(도미) … 1마리 분량	감자(작게 한입크기로 썬)
오일 … 2큰술	… 1개
양파(다진) … 1/2개	홀토마토 통조림(으깬)
마늘(간) … 2쪽 **A**	… 1/4캔
생강(간) … 2쪽	물 … 350㎖
●파우더 향신료	코코넛밀크 … 100㎖
터메릭 … 2작은술	남플라 … 1작은술
레드칠리파우더 … 1작은술	
커민파우더 … 1작은술	
코리앤더파우더 … 2작은술	

만드는 방법

1 냄비에 물(분량 외)을 넉넉히 담아 끓인 후, 생선 머리를 살짝 데쳐
  서 냄새를 제거하고 체에 올려 둔다.
2 냄비에 오일을 둘러 중불로 가열하고 양파, 마늘, 생강을 넣어 10
  분 정도 볶는다.
3 파우더 향신료를 넣어 살짝 볶은 후, 1의 생선과 **A**를 넣어 센불
  로 한소끔 끓이고 약불로 줄여 10분 정도 졸인다. 필요하면 소금
  (분량 외)으로 간을 한다.

락사

싱가포르

재료(2인분)

오일 … 5큰술	코코넛밀크 … 200㎖
새우(작은 것, 머리와 껍질 포함)	남플라 … 2작은술
… 12마리	고수(듬성듬성 썬) … 적당량
물 … 300㎖	중화면(생) … 2인분
치킨부용 가루 … 1작은술	레몬 … 적당량
레드카레 페이스트 … 25g	
셀러리(채썬) … 1/2개	
두부튀김(슬라이스한) … 조금	

만드는 방법

1 냄비에 오일을 둘러 중불로 가열하고, 새우를 넣어 색이 살짝 변할
  때까지 볶는다.
2 물을 부어 센불로 한소끔 끓인 후 치킨부용 가루와 카레 페이스트를
  섞는다.
3 셀러리와 두부튀김을 넣어 약불로 3분 정도 끓이고, 코코넛밀크
  와 남플라를 넣어 3분 정도 더 끓인 다음 고수를 섞는다.
4 중화면을 표기된 방법대로 삶아 그릇에 담은 후, 3을 붓고 레몬을
  짜서 섞어가며 먹는다.

세계의 카레 · 여러 가지 카레 요리

렌당
인도네시아

재료(2인분)

오일 … 2큰술	생강(간) … 1쪽
●홀 향신료	가람마살라 … 2작은술
카다몬 홀 … 2개	우메보시(과육을 다진) … 2개
정향 홀 … 2개	소금 … 1작은술(조금 적게)
시나몬스틱 … 1/3개	설탕 … 1작은술
팔각 … 1개	물 … 200㎖
소고기(양지머리, 작게 한입크기	혹귤잎 … 적당량
로 썬) … 300g	라임잎 … 6장(있는 경우)
양파(간) … 1/2개	코코넛밀크 … 100㎖
마늘(간) … 1쪽	

만드는 방법

1 냄비에 오일을 둘러 중불로 가열하고, 홀 향신료를 넣어 카다몬이 통통하게 부풀 때까지 가열한 후 소고기를 더해, 표면 전체에 색이 들 때까지 볶는다.
2 양파, 마늘, 생강을 넣고 양파가 여우색이 될 때까지 볶는다.
3 가람마살라, 우메보시, 소금, 설탕을 넣어 섞고 물을 부어 센불로 한소끔 끓인 후, 혹귤잎을 넣고 뚜껑을 덮어 30분 정도 약불로 졸인다.
4 뚜껑을 열고, 라임잎과 코코넛밀크를 넣어 살짝 끓인다.

카리 메단
인도네시아

재료(2인분)

오일 … 3큰술(조금 많게)	옐로카레 페이스트 … 25g
닭다리살(한입크기로 썬) … 200g	치킨부용 가루 … 1작은술
감자(한입크기로 썬) … 2개	커리잎 … 10장
카레가루 … 1작은술	코코넛밀크 … 100㎖
소금 … 1/2작은술	
설탕 … 1작은술	
물 … 200㎖	

만드는 방법

1 냄비에 오일을 둘러 중불로 가열하고, 닭다리살과 감자를 넣어 3분 정도 볶는다.
2 카레가루, 소금, 설탕을 넣고 볶다가 물을 부어 센불로 한소끔 끓인 후, 카레 페이스트와 부용 가루를 넣고 뚜껑을 덮어 10분 정도 약불로 졸인다.
3 뚜껑을 열고, 커리잎과 코코넛밀크를 넣어 살짝 끓인다.

세계의 카레 · 여러 가지 카레 요리

페이스트 **허브카레(치킨)**

재료(2인분)

● 페이스트
셀러리(잎 부분) … 1줄기 분량
고수 … 2줄기
레몬그라스(둥글게 썬)
… 1/2줄기(있는 경우)
마늘 … 1/2쪽
생강 … 1/2쪽

오일 … 2큰술
닭다리살(한입크기로 썬) … 250g
누룩소금 … 1큰술
설탕 … 1/2작은술
물 … 100㎖
코코넛밀크 … 100㎖

만드는 방법

1 페이스트 재료와 물 조금(분량 외)을 믹서로 갈아 페이스트 상태를 만든다.

2 냄비에 오일을 둘러 중불로 가열하고, 닭다리살의 껍질쪽이 아래를 향하게 올려 표면 전체가 노릇해질 때까지 볶는다.

3 페이스트, 누룩소금, 설탕을 넣어 섞은 후 볶아 수분을 날린다.

4 물과 코코넛밀크를 넣어 센불로 한소끔 끓인 후, 약불로 줄여 10분 정도 졸인다. 필요하면 소금(분량 외)으로 간을 한다.

※ 이 책에서는 허브카레를 생 허브를 페이스트 상태로 만들어 넣는 '페이스트' 타입과, 다진 생 허브를 사용하는 '촙' 타입, 드라이 허브를 넣는 '드라이' 타입으로 분류한다.

| technique |

허브카레의 비법은 페이스트!

허브카레는 셀러리나 고수 등의 생 허브를, 믹서로 갈아 페이스트 상태로 만든 후 넣는 것이 기본이다. 마늘과 생강은 필수 재료이지만, 셀러리나 고수는 바질이나 파슬리 등 다른 허브류로 대체하기도 한다. 페이스트 외에도, 다양한 타입의 허브를 마지막에 넣어 향을 추가하는 방법도 추천한다.

——— 닭날개 육수로 만든, 맵지만 중독되는 감칠맛!

【 페이스트 】 **허브카레(매운 치킨)**

재료(2인분)

●페이스트
셀러리(잎 부분) … 1줄기 분량
고수 … 2줄기
레몬그라스(둥글게 썬)
… 1/2줄기(있는 경우)
마늘 … 1/2쪽
생강 … 1/2쪽

오일 … 2큰술
홍고추(씨 제거) … 6개
닭날개(윙) … 200g
토마토(큰 것, 듬성듬성 썬) … 1개
물 … 250㎖
남플라 … 1큰술

만드는 방법

1 페이스트 재료와 물 조금(분량 외)을 믹서로 갈아 페이스트 상태를 만든다.
2 냄비에 오일을 둘러 중불로 가열하고, 홍고추와 닭날개를 넣어 표면 전체에 색이 들 때까지 볶는다.
3 페이스트를 넣어 볶은 후, 토마토를 넣고 살짝 더 볶는다.
4 물을 부어 센불로 한소끔 끓이고 남플라를 넣어 뚜껑을 덮은 후, 20분 정도 약불로 졸인다. 필요하면 소금(분량 외)으로 간을 한다.

——— 흑초의 감칠맛과 신맛이 비법! 안주로도 제격인

【 페이스트 】 **허브카레(비프)**

재료(2인분)

●페이스트
셀러리(잎 부분) … 1줄기 분량
고수 … 2줄기
레몬그라스(둥글게 썬)
… 1/2줄기(있는 경우)
마늘 … 1/2쪽
생강 … 1/2쪽

오일 … 2큰술
소고기(얇게 썬) … 150g
가지(마구썰기한) … 2개
생강(채썬) … 1쪽
진간장 … 1큰술(조금 많게)
흑초 … 2작은술
코코넛밀크 … 200g

만드는 방법

1 페이스트 재료와 물 조금(분량 외)을 믹서로 갈아 페이스트 상태를 만든다.
2 냄비에 오일을 둘러 중불로 가열하고 소고기, 가지, 생강 순으로 넣어 전체가 익을 때까지 볶는다.
3 페이스트, 간장, 흑초를 넣고 완전히 익을 때까지 볶는다.
4 코코넛밀크를 넣고 5분 정도 약불로 졸인다.

세계의 카레 · 여러 가지 카레 요리

293

풋고추의 산뜻한 매운맛이 허브향과 환상의 궁합!

[페이스트] **허브카레(새우)**

재료(2인분)

● 페이스트
셀러리(잎 부분) … 1줄기 분량
고수 … 2줄기
레몬그라스(둥글게 썬)
… 1/2줄기(있는 경우)
마늘 … 1/2쪽
생강 … 1/2쪽
소금 … 1작은술(조금 적게)

코코넛밀크 … 100g
오일 … 2큰술
새우살 … 200g
풋고추(씨 제거 후 세로로 2등분한)
… 3개
물 … 100g
남플라 … 1큰술
토마토(작은 것, 듬성듬성 썬)
… 1개

만드는 방법

1 페이스트 재료와 물 조금(분량 외)을 믹서로 갈아 페이스트 상태
를 만든다.
2 냄비에 코코넛밀크와 페이스트를 넣고 3분 정도 약불로 졸인다.
3 오일, 새우, 풋고추를 넣고 살짝 섞는다.
4 물을 부어 센불로 한소끔 끓이고, 남플라를 넣은 후 약불로 살짝
끓인다.
5 토마토를 섞고 살짝 끓인다.

294

사르르 녹는 가지와 오크라의 걸쭉하고 부드러운 맛

[페이스트] **허브카레(믹스 채소)**

재료(2인분)

● 페이스트
셀러리(잎 부분) … 1줄기 분량
고수 … 2줄기
레몬그라스(둥글게 썬)
… 1/2줄기(있는 경우)
마늘 … 1/2쪽
생강 … 1/2쪽
오일 … 2큰술

마늘(다진) … 1쪽
가지(껍질 제거 후 마구썰기한)
… 2개
오크라 (1㎝ 폭으로 썬) … 6개
깐 풋콩 … 60g
물 … 100g
코코넛밀크 … 100g
누룩소금 … 1큰술

만드는 방법

1 페이스트 재료와 물 조금(분량 외)을 믹서로 갈아 페이스트 상태
를 만든다.
2 냄비에 오일을 둘러 중불로 가열하고 마늘, 가지, 오크라, 풋콩을
넣어 가지의 숨이 죽을 때까지 볶는다.
3 물을 부어 센불로 한소끔 끓인 후 코코넛밀크, 페이스트, 누룩소금
을 넣고 약불로 살짝 끓인다.

세계의 카레 · 여러 가지 카레 요리

295 ——— 쫄깃한 문어의 감칠맛과 민트가 찰떡궁합!

[굵게 다진 고기] **허브카레(문어 키마카레)**

재료(2인분)

오일 ⋯ 2큰술
마늘(다진) ⋯ 1쪽
생강(다진) ⋯ 1쪽
양파(작은 것, 슬라이스한) ⋯ 1/2개
다짐육(굵게 다진) ⋯ 200g
카레가루 ⋯ 1큰술(조금 많게)
소금 ⋯ 1작은술(조금 적게)
문어(작게 토막썰기한) ⋯ 100g
물 ⋯ 100㎖
민트(다진) ⋯ 1팩(15g)

만드는 방법

1 냄비에 오일을 둘러 중불로 가열하고, 마늘과 생강을 넣어 살짝 볶
   는다. 양파를 넣고 숨이 죽을 때까지 볶는다.
2 다짐육, 카레가루, 소금을 넣고 살짝 볶은 후, 문어를 넣어 3분 정
   도 중불로 볶는다.
3 물을 부어 센불로 한소끔 끓인 후, 뚜껑을 덮고 5분 정도 약불로
   졸인다.
4 뚜껑을 열고, 민트를 넣은 후 3분 정도 볶아 수분을 날린다.

296 ——— 고수의 향과 풋콩의 부드러운 단맛의 조합

[굵게 다진 고기] **허브카레(풋콩 키마카레)**

재료(2인분)

오일 ⋯ 1큰술
마늘(다진) ⋯ 1쪽
생강(다진) ⋯ 1쪽
양파(작은 것, 슬라이스한) ⋯ 1/2개
다짐육(굵게 다진) ⋯ 100g
카레가루 ⋯ 1큰술(조금 많게)
소금 ⋯ 1작은술(조금 적게)
깐 풋콩 ⋯ 200g
물 ⋯ 100㎖
고수(다진) ⋯ 1/2컵

만드는 방법

1 냄비에 오일을 둘러 중불로 가열하고, 마늘과 생강을 넣어 살짝 볶
   는다. 양파를 넣고 숨이 죽을 때까지 볶는다.
2 다짐육, 카레가루, 소금을 넣고 살짝 볶은 후, 풋콩을 넣어 3분 정
   도 볶는다.
3 물을 부어 센불로 한소끔 끓인 후, 고수를 넣고 뚜껑을 덮어 5분
   정도 약불로 졸인다.
4 뚜껑을 열고, 3분 정도 볶아 수분을 날린다.

세계의 카레 · 여러 가지 카레요리

드라이 허브 **허브카레(치킨카레)**

재료(2인분)
_____

오일 … 2큰술
양파(작은 것, 슬라이스한) … 1/2개
마늘(간) … 1쪽
생강(간) … 1쪽
닭다리살(한입크기로 썬) … 300g
카레가루 … 1큰술(조금 많게)
소금 … 1작은술(조금 적게)
토마토 퓌레 … 2큰술
물 … 200㎖
드라이 허브 믹스(취향에 따라) … 2작은술

만드는 방법
_____

1 냄비에 오일을 둘러 중불로 가열하고, 양파를 넣어 은은하게 여우색이 될 때까지 볶는다.
2 마늘과 생강을 넣고 살짝 볶는다.
3 닭다리살을 넣고 표면 전체에 색이 들 때까지 볶는다. 카레가루, 소금, 토마토 퓌레를 넣고 섞는다.
4 물을 부어 센불로 한소끔 끓인 후 드라이 허브 믹스를 넣고, 뚜껑을 덮어 10분 정도 약불로 졸인다.

드라이 허브 **허브카레(당근 & 감자 카레)**

재료(2인분)
_____

감자(큰 것, 한입크기로 썬) … 3개
당근(작게 한입크기로 썬) … 1개
오일 … 2큰술
마늘(다진) … 1쪽
양파(작은 것, 슬라이스한) … 1/2개
카레가루 … 1큰술
카수리메티 … 3큰술
소금 … 1작은술(조금 적게)

만드는 방법
_____

1 냄비에 물(분량 외)을 끓이고 감자와 당근을 넣은 후, 속까지 익도록 삶아서 체에 올려 둔다.
2 빈 냄비에 오일을 둘러 중불로 가열하고, 마늘을 넣어 살짝 볶은 후 양파를 넣어 숨이 죽을 때까지 볶는다.
3 1, 카레가루, 카수리메티, 소금을 볶아 전체를 잘 섞는다.

세계의 카레 · 여러 가지 카레 요리

수프카레(루)

재료(2인분)

오일 … 2큰술
셀러리(다진) … 1/2줄기
베이컨(먹기 좋은 크기로 썬) … 250g
파프리카(세로로 4등분한) … 1/2개
버섯류 … 80g(취향에 맞는 종류로 OK)
물 … 500㎖
치킨부용 가루 … 2작은술
간장 … 1큰술
카레 루 … 1.5인분

만드는 방법

1 냄비에 오일을 둘러 중불로 가열하고, 셀러리와 베이컨을 넣어 색이 들 때까지 볶는다.
2 파프리카와 버섯류를 넣어 3분 정도 볶은 후, 물을 부어 한소끔 끓이고 치킨부용 가루와 간장을 섞는다.
3 살짝 끓인 후 루를 녹여 섞는다.

수프카레(향신료)

재료(2인분)

가지(세로로 2등분하여 칼집을 낸) … 1개
피망(세로로 4등분한) … 1개
오일 … 2큰술
마늘(간) … 1쪽
생강(간) … 1쪽
양파(웨지모양으로 썬) … 1/4개
물 … 500㎖
치킨부용 가루 … 2작은술
카레가루 … 1큰술

다짐육 … 100g
당근(두껍게 어슷썰기한) … 1/2개
케첩 … 1큰술
남플라 … 2작은술

만드는 방법

1 냄비에 튀김기름(분량 외)을 가열하고, 가지와 피망을 넣어 튀긴다.
2 다른 냄비에 오일을 둘러 중불로 가열하고 마늘, 생강, 양파를 넣어 5분 정도 볶는다. 물을 부어 한소끔 끓인 후 치킨부용 가루와 카레가루를 넣고 5분 정도 끓인다(가능하면 여기서 한 김 식힌 후, 믹서로 갈아 페이스트 상태로 만들고 냄비에 다시 담는다).
3 다짐육, 당근, 케첩, 남플라를 넣고 뚜껑을 넣어, 15분 정도 약불로 끓인다.
4 그릇에 담고 1 의 가지와 피망을 올린다.

301 ——— 채소에서 우러나온 수분으로 달콤하고 부드럽게 완성한
무수분 카레

재료(2인분)

오일 … 2큰술
셀러리(슬라이스한) … 1줄기
닭다리살(한입크기로 썬) … 200g
카레가루 … 1큰술
소금 … 1작은술(조금 적게)
양파(웨지모양으로 썬) … 1개
주키니(마구썰기한) … 1개(120g)
토마토(작은 것, 듬성듬성 썬) … 1개

만드는 방법

1 냄비에 오일을 둘러 중불로 가열하고, 셀러리와 닭다
   리살을 넣어 살짝 볶는다.

2 카레가루와 소금을 넣어 섞은 후 양파, 주키니, 토마토
   를 넣고 골고루 섞는다.

3 뚜껑을 덮어 2~3분 센불로 보글보글 끓인 후 약불로
   줄이고 20분 정도 졸여, 채소에서 수분이 충분히 나오
   면 마무리한다.

세계의 카레 · 여러 가지 카레 요리

——— 가츠오부시와 참기름이 비결! 손쉽게 만들 수 있어 대만족

카레우동

재료(2인분)

참기름 … 1큰술
돼지고기(얇은 삼겹살, 한입크기로 썬) … 150g
부추(5㎝ 폭으로 썬) … 2줄기
물 … 500㎖
토마토 퓌레 … 1큰술(있는 경우)
가츠오부시 … 조금
멘츠유(3배 농축) … 50㎖
카레 루 … 2인분
우동면 … 2인분

만드는 방법

1 냄비에 참기름을 둘러 중불로 가열하고, 돼지고기와 부추를 넣어
   돼지고기가 익을 때까지 볶는다.
2 물을 부어 센불로 한소끔 끓이고 토마토 퓌레, 가츠오부시, 멘츠유
   를 넣어 약불로 살짝 끓인 후 루를 녹여 섞는다.
3 우동을 표기된 방법대로 삶아서 넣는다.

——— 소바를 좋아한다면 바로 이것! 닭고기의 고소함과 대파의 단맛이 악센트

카레 난반소바

재료(2인분)

참기름 … 1큰술
닭다리살 … 150g
대파(세로로 2등분하여 3㎝ 폭으로 썬) … 1줄기
물 … 500㎖
멘츠유(3배 농축) … 50㎖
완두콩(통조림, 물기 제거) … 50g
카레 루 … 2인분
메밀면 … 2인분

만드는 방법

1 냄비에 참기름을 둘러 중불로 가열하고, 닭다리살과 대파를 넣어
   닭다리살에 구운 색이 들며 익을 때까지 볶는다.
2 물을 부어 센불로 한소끔 끓이고 멘츠유와 완두콩을 넣어, 약불로
   살짝 졸인 후 루를 섞는다.
3 메밀면을 표기 방법대로 삶아서 넣는다.

304 ——— 카레가루로 스파이시한 나폴리탄 완성!

카레 스파게티

재료(2인분)

버터 … 30g
소시지(5㎜ 폭으로 둥글게 썬) … 6개(100g)
피망(슬라이스한) … 2개
카레가루 … 1작은술
케첩 … 1작은술
소금 … 삶은 물의 1%
스파게티 … 180g
삶은 물 … 적당량

만드는 방법

1 냄비에 버터, 소시지, 피망을 넣고 중불에 올려 3분 정도 볶는다.
2 카레가루와 케첩을 넣고 섞는다.
3 다른 냄비에 넉넉한 양의 물(분량 외)과 소금을 넣고 끓여, 스파게티를 표기된 방법대로 삶은 후 적은 양의 삶은 물과 함께 2의 냄비에 넣고 볶는다.

305 ——— 마지막에 두르는 간장의 고소한 향이 식욕을 돋운다!

카레볶음밥

재료(2인분)

참기름 … 2큰술
달걀물 … 2개 분량
밥 … 2인분
베이컨(1㎝ 폭으로 썬) … 100g
완두콩(통조림, 물기 제거) … 30g
카레가루 … 2작은술
소금 … 1작은술(조금 적게)
간장 … 조금

만드는 방법

1 프라이팬에 참기름을 둘러 중불로 가열하고, 달걀물을 넣어 볶는다. 곧바로 밥을 넣고 골고루 볶는다.
2 전체가 섞이면 베이컨, 완두콩, 카레가루, 소금을 넣고 더 볶는다.
3 보슬거리기 시작하면 간장을 냄비 가장자리에 둘러 섞는다.

세계의 카레 · 여러 가지 카레 요리

[레토르트] **비빔카레**

재료(2인분)
_____

참기름 … 1큰술
마늘(다진) … 1쪽
믹스빈 … 150g
간장 … 1작은술
밥 … 2인분
레토르트 카레 … 2인분
달걀노른자 … 2개 분량

만드는 방법
_____

1   냄비에 참기름을 둘러 중불로 가열하고, 마늘을 넣어 살짝 볶는다.
2   믹스빈을 넣어 살짝 볶은 후, 간장을 넣고 섞는다.
3   밥과 레토르트 카레를 넣어 골고루 섞는다. 그릇에 담고, 달걀노른자를 곁들인다.

[레토르트] **드라이카레**

재료(2인분)
_____

버터 … 30g
마늘(다진) … 1쪽
베이컨(잘게 다진) … 100g
당근(가로세로 1㎝로 깍둑썰기한) … 1/2개
가지(가로세로 1㎝로 깍둑썰기한) … 1/2개
파프리카(가로세로 1㎝로 깍둑썰기한) … 1/2개
레토르트 카레 … 2인분

만드는 방법
_____

1   냄비에 버터와 마늘을 넣어 중불로 살짝 볶는다.
2   베이컨, 당근, 가지, 파프리카를 넣고 골고루 볶는다.
3   레토르트 카레를 넣어 섞고, 수분을 날리면서 제대로 페이스트 상태가 될 때까지 볶는다.

——— 신선한 토마토에 치즈가 걸쭉하게 어우러진 바로 그 맛

[레토르트] **치즈카레**

재료(2인분)

오일 … 1큰술
마늘(다진) … 1쪽
다진 돼지고기 … 200g
레토르트 카레 … 2인분
토마토(듬성듬성 썬) … 2개
피자용 치즈 … 60g

만드는 방법

1 냄비에 오일을 둘러 중불로 가열하고, 마늘을 넣어 살짝 볶은 후
   다진 고기를 넣어 충분히 익을 때까지 볶는다.
2 데운 레토르트 카레를 넣어 살짝 끓인 후, 토마토와 치즈를 섞는다.

——— 견과류의 식감이 악센트인 초고속 레시피

[레토르트] **드라이카레 우동**

재료(2인분)

레토르트 카레 … 2인분
우동면 … 2인분
오일 … 2큰술
견과류 믹스(부순) … 100g

만드는 방법

1 레토르트 카레는 데워 두고, 우동면은 표기된 방법대로 삶아 둔다.
2 냄비에 오일을 둘러 중불로 가열한 후, 우동과 견과류 믹스를 넣어
   1분 정도 볶고 카레를 넣어 졸인다.

세계의 카레 · 여러 가지 카레 요리

310

버터의 감칠맛과 포슬한 믹스빈이 선사하는 포만감

[레토르트] **카레 스파게티**

재료(2인분)

버터 … 20g
믹스빈 … 150g
레토르트 카레 … 2인분
소금 … 삶은 물의 1%
스파게티 … 180g
삶은 물 … 적당량

만드는 방법

1 냄비에 버터를 중불로 가열하고, 믹스빈을 넣어 살짝 볶는다. 데운 레토르트 카레를 넣고 섞는다.

2 다른 냄비에 넉넉한 양의 물(분량 외)을 담고, 소금을 넣어 끓인 후 스파게티를 표기된 방법으로 삶아서 적은 양의 삶은 물과 함께 1 의 냄비에 넣고 볶는다.

3 그릇에 담은 후 냄비에 남은 카레를 위에 올려, 섞어가며 먹는다.

311

제대로 맵다! 여름 국수로 추천

[레토르트] **그린카레 소면**

재료(2인분)

오일 … 1큰술
닭다리살(한입크기로 썬) … 200g
풋고추(세로로 2등분한) … 1개
물 … 200㎖
오크라(1㎝ 폭으로 썬) … 10개
남플라 … 2작은술
레토르트 그린카레 … 2인분
소면 … 2인분

만드는 방법

1 냄비에 오일을 둘러 중불로 가열하고, 닭다리살과 풋고추를 넣어 볶는다. 물을 부어 한소끔 끓인 후, 뚜껑을 덮고 5분 정도 약불로 졸인다.

2 오크라를 넣어 센불로 한소끔 끓이고, 남플라와 데운 레토르트 카레를 섞은 후 약불로 살짝 졸인다.

3 소면을 표기된 방법대로 삶아 물로 헹군 후, 체에 올려 물기를 빼고 그릇에 담는다. 2 를 얹는다.

세계의 카레·여러 가지 카레 요리

레토르트 가츠카레

재료(1인분)

레토르트 카레 … 1인분
오일 … 조금
다진 돼지고기 … 50g
대파(작게 썬) … 1/2줄기
토마토(다진) … 1개
양배추(채썬) … 적당량
돈가스(슬라이스한) … 1인분

만드는 방법

1 레토르트 카레를 데워 둔다.
2 프라이팬에 오일을 둘러 중불로 가열하고, 돼지고기와 대파를 넣어 5분 정도 볶는다.
3 레토르트 카레를 넣고 중불 그대로 5분 정도 졸인다.
4 불을 끄고 토마토를 넣어 섞는다.
5 그릇에 밥(분량 외)을 담고, 양배추와 돈가스를 곁들인 후 카레를 얹는다.

---

313 ——— 참을 수 없는 고소한 치즈향!

레토르트 야키카레

재료(1인분)

레토르트 카레 … 1인분
밥 … 1인분
달걀 … 1개
진간장 … 조금
피자용 치즈 … 적당량

만드는 방법

1 레토르트 카레를 데워 둔다.
2 작은 내열 그릇에 밥과 레토르트 카레를 담고, 전체를 골고루 섞는다.
3 가운데를 움푹하게 만들어 달걀을 올린 후, 진간장을 두른다.
4 전체에 치즈를 올린다(특히 달걀노른자 위는 반드시 치즈로 덮는다).
5 250℃로 예열한 오븐에 5~10분 굽는다(치즈가 녹아 노릇해지는 정도가 기준).

---

314 ——— 소고기의 감칠맛과 생크림의 진한 맛으로 풍성하게!

레토르트 호텔카레

재료(1인분)

레토르트 카레 … 1인분
버터 … 10g
소고기(얇은 것, 한입크기로 썬) … 50g
망고처트니 … 1작은술(있는 경우)
생크림 … 50㎖

만드는 방법

1 레토르트 카레를 데워 둔다.
2 냄비에 버터를 중불로 가열하고, 소고기를 넣어 색이 변할 때까지 살짝 볶는다.
3 레토르트 카레, 처트니, 생크림을 넣고 중불 그대로 살짝 섞는다.

세계의 카레 · 여러 가지 카레 요리

재료를 볶아 넣어 손쉽게 감칠맛을 끌어올린

카레가루 카레필라프

재료(2인분)

쌀 … 1.5홉
진간장 … 조금
버터 … 20g
닭다리살(작게 한입크기로 썬) … 100g
카레가루 … 1작은술
후추 … 조금
오레가노 … 조금(있는 경우)

만드는 방법

1 쌀을 씻어 체에 올리고, 30분 정도 불린다.
2 밥솥에 쌀을 담고, 물 적당량(분량 외)과 진간장을 넣어 잘 섞는다.
3 프라이팬에 버터를 중불로 가열하고, 닭다리살과 카레가루를 넣어 볶은 후 밥솥에 넣는다.
4 후추와 오레가노를 넣어 섞은 후, 일반취사 모드로 밥을 짓는다.

---

316 —————— 듬뿍 들어간 버섯의 향이 식욕을 돋운다!

카레가루 카레리소토

재료(2인분)

버터 … 20g
브라운 양송이버섯(굵게 다진) … 1팩(100g)
카레가루 … 2작은술
찬밥 … 200g
물 … 200㎖
파르메산치즈(간) … 15g
건조 파슬리 … 조금(있는 경우)

만드는 방법

1 프라이팬에 버터를 중불로 가열하고 버섯을 볶는다.
2 불을 끄고, 카레가루를 넣어 섞는다.
3 찬밥과 물을 넣어 센불에 올리고, 밥을 풀어가며 섞는다.
4 불을 끄고, 파르메산치즈와 파슬리를 넣어 섞는다. 필요하면 소금(분량 외)으로 간을 한다.

---

317 —————— 평범한 전골이 카레가루로 매콤하게 변신!

카레가루 카레전골

재료(2인분)

시판용 전골육수 … 2인분
방어(토막썰기한) … 2토막
대파(어슷썰기한) … 1/2줄기
유부(1㎝ 폭으로 썬) … 1장
배추(듬성듬성 썬) … 1/6개
카레가루 … 2작은술
참기름 … 1작은술

만드는 방법

1 냄비에 전골육수와 방어를 넣고, 센불로 끓이면서 거품을 걷어낸다.
2 나머지 재료를 모두 넣고, 재료가 부드러워질 때까지 약불로 끓인다.

318 —— 감칠맛을 끌어올리는 멘츠유와 카레!

[루] **일본식 카레덮밥**

재료(2인분)

참기름 … 2작은술
돼지고기(잘게 썬) … 100g
대파(어슷썰기한) … 1/2줄기
물 … 적당량
카레 루 … 2인분
멘츠유(2배 농축) … 3큰술
밥 … 2인분
시치미 … 적당량(취향에 맞게)

만드는 방법

1 냄비에 참기름을 둘러 중불로 가열하고, 돼지고기를 넣어 색이 변할 때까지 볶은 후 대파를 넣어 더 볶는다.
2 물을 부어 센불로 한소끔 끓인 후 약불로 줄여, 루와 멘츠유를 넣고 섞는다.
3 그릇에 밥을 담고 2 를 얹는다. 취향에 맞게 시치미를 뿌린다.

319 —— 압력솥으로 뭉근히 끓인 그 맛

[루] **압력솥 카레**

재료(4인분)

돼지고기(삼겹살 덩어리, 크게 한입크기로 썬)
… 400g
물 … 적당량
무(마구썰기한) … 1/8개
생강(채썬) … 2쪽
카레 루 … 4인분
레몬즙 … 1개 분량

만드는 방법

1 압력솥에 돼지고기와 물을 넣어 센불로 한소끔 끓이고, 거품을 걷어낸다.
2 무와 생강을 넣어 뚜껑을 덮고, 압력을 가해 15분 정도 약불로 끓인다.
3 한 김 식으면 뚜껑을 열고 루를 섞는다.
4 레몬즙을 넣어 섞는다.

세계의 카레 · 여러 가지 카레 요리

320 —— 미소시루도 밥도 잘 어울리는 따끈한 카레

[루] **낫토카레**

재료(2인분)

참기름 … 2작은술
돼지고기(얇은 삼겹살, 한입크기로 썬) … 100g
대파(잘게 썬) … 1/2줄기
김치(굵게 다진) … 30g
물 … 적당량
카레 루 … 2인분
낫토(잘 섞은) … 1인분

만드는 방법

1 냄비에 참기름을 둘러 중불로 가열하고, 돼지고기와 대파를 넣어 5분 정도 볶는다.
2 김치를 섞고, 물을 부어 센불로 한소끔 끓인 후 약불로 줄여 5분 정도 졸인다.
3 불을 끄고 루를 녹여 섞는다.
4 그릇에 밥(분량 외)과 3 을 담고, 낫토를 올린다.

시마 겐타

카레전문 레시피 개발그룹 「틴 팬 카레」에서 「카레빵/기타」를 담당하고 있다. 일본에서 독자적으로 탄생한 카레빵을 비롯해 각종 카레맛 응용메뉴를 총괄 개발 중이다. 빵가게 「블랑주리 시마」의 오너 셰프이기도 하다.

시마 겐타는 일본에서 가장 맛있는 카레빵을 만들 수 있는 사람인 것 같다. 그의 가게에서 갓 튀긴 카레빵을 먹은 사람은 그 맛에 폭 빠져 다른 가게의 카레빵을 먹을 수 없게 되거나, 너무 뜨거워서 혀를 데거나, 둘 중 하나다. 매장 카운터 안쪽에 보이는 주방 한쪽 벽면에, 빵집이라고는 믿기지 않을 만큼의 향신료가 진열되어 있다. 카레라이스를 제공하는 주말도 있으며, 최근에는 「스차파라타」의 멤버로서 인도식 크루아상이라고 할 수 있는 '파라타'를 만들고 있다.

독자적으로 갈고 닦은 요리 이론과 이를 훌륭하게 표현할 수 있는 확실한 기술로, 빵은 물론 요리 전반을 능숙하게 처리한다. 너무 편하게 사람을 대해서인지, 금발에 개구쟁이 같은 모습 때문인지, 그의 실력을 알아보는 사람이 아직은 많지 않은 듯하다. 하지만 빵집 셰프로서 범접할 수 없는 존재임은 분명하다. (미즈노 진스케)

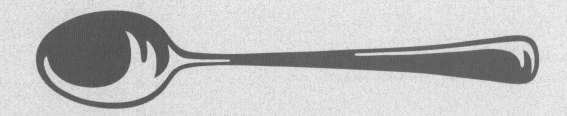

Part

6

향신료 요리와 음료

하나 더 먹고 싶을 때나 출출할 때
안주로도 안성맞춤인 반찬은,
향신료 덕분에 좀 더 세련된 맛으로 변신한다.
카레와 함께하면 좋은 음료도
적은 재료로 손쉽게 만들 수 있다.

향신료 정어리 통조림

재료(1인분)

정어리 통조림 ⋯ 1캔
가람마살라 ⋯ 1/2작은술
생강(슬라이스한) ⋯ 2장
월계수잎 ⋯ 1장

만드는 방법

1 정어리 통조림의 오일만 내열용기에 담고 가람마살라, 생강, 월계수잎을 넣어 전자레인지에 1분 가열한다.
2 1을 정어리 통조림에 다시 붓는다.

벳타라즈케 & 참치 아차르

재료(2인분)

참치 ⋯ 100g
소금 ⋯ 적당량

A	일본겨자 ⋯ 2작은술
	씨겨자 ⋯ 3+1/2작은술
	미강유 ⋯ 4큰술
	생강(채썬) ⋯ 20g
	마늘 ⋯ 2쪽
	고춧가루 ⋯ 1작은술
	가람마살라 ⋯ 2작은술
	파프리카파우더 ⋯ 1/2작은술
	소금 ⋯ 1/3작은술
	레몬즙 ⋯ 적당량

벳타라즈케※ ⋯ 50g
※ 무를 소금과 누룩에 절인 것.

만드는 방법

1 참치에 소금을 뿌리고, 키친타월로 싼 후 냉장고에 하룻밤 두어 수분을 제거한다.
2 내열용기에 **A**를 섞어 아차르 페이스트를 만들고, 비닐랩을 완전히 씌운 후 전자레인지로 3분 가열한다.
3 벳타라즈케, 1, 2를 섞는다.

참치 포테이토

재료(1인분)

감자(남작, 껍질째 4등분한) … 1개
참치 통조림(오일절임) … 1캔
카레가루 … 1/2작은술
마늘(간) … 1+1/2쪽
요구르트 … 1큰술
소금 … 적당량

만드는 방법

1 냄비에 물(분량 외)과 소금(분량 외)을 넣어 끓인 후 감자를 삶는
   다. 익으면 체에 올려 물기를 뺀다.
2 참치 통조림은 오일째 내열용기에 담고, 카레가루와 마늘을 넣어
   전자레인지로 2분 가열한다.
3 2에 감자, 요구르트, 소금을 넣어 섞은 후 오븐토스터(200W)로
   4분 굽는다.

대구 와인크림 조림

재료(2인분)

	그린페퍼(소금절임) … 10g
	코리앤더파우더 … 1+1/2작은술
A	카다몬 홀 … 2개
	화이트와인 … 200㎖
	닭뼈육수 가루 … 1작은술
	소금 … 적당량

생크림 … 200g
대구 … 200g
양상추(채썬) … 3~4장 분량

만드는 방법

1 냄비에 **A**를 넣어 센불로 끓인 후, 약불로 줄이고 10분 정도 졸여
   알코올을 날린다.
2 생크림을 넣고, 전체가 2/3 정도가 될 때까지 졸인다.
3 걸쭉해지면 대구를 넣어 익을 때까지 끓인 후, 양상추를 넣고 살짝
   끓여 마무리한다.

향신료 요리와 음료

케이준 시샤모구이

재료(2인분)

시샤모 … 10마리
케이준 향신료 … 적당량
생강(간) … 1+1/2쪽
마늘(간) … 3쪽
미강유 … 2+2/3큰술
타임 … 2~3줄기(있는 경우)

만드는 방법

1 시샤모 외의 재료를 내열용기에 담아 비닐랩을 완전히 씌운 후, 전자레인지로 2분 가열하고 한 김 식힌다.
2 시샤모에 1을 발라 내열용기에 나란히 올린 후, 200℃로 예열한 오븐에 4분 굽는다. 그릇에 담고, 살짝 그을린 타임을 곁들인다.

감자 & 베이컨 카레 볶음

재료(2인분)

감자(메이퀸, 1㎝ 두께로 슬라이스한) … 1개
오일 … 2큰술
양파(슬라이스한) … 1/6개
카레가루 … 1/2작은술
베이컨 … 50g
씨겨자 … 5작은술
소금, 후추 … 적당량씩
치즈가루 … 적당량

만드는 방법

1 감자를 내열용기에 담아, 뚜껑을 덮고 전자레인지로 3분 가열한다. 부드럽게 익으면 체에 올려 물기를 제거한다.
2 프라이팬에 오일을 둘러 중불로 가열하고, 양파를 볶아 투명해지면 감자와 카레가루를 넣고 구운 색이 들 때까지 볶는다.
3 베이컨과 씨겨자를 넣어 살짝 볶은 후 소금, 후추로 간을 한다. 그릇에 담고 치즈가루를 뿌린다.

327 ——— 산뜻한 흰살생선에 핑크페퍼 향이 악센트

생선 핑크페퍼 마리네이드

재료(1인분)

월계수잎 … 적당량
흰살생선(농어, 3cm 폭으로 깎아썰기한)
… 200g
소금 … 적당량
레드와인 비네거 … 적당량
핑크페퍼 … 적당량
올리브오일 … 4+1/2큰술
미강유 … 4+1/2큰술

만드는 방법

1 오븐팬에 오븐시트를 깔고 월계수 잎, 생선 순서로 올린 후 소금을 뿌려, 200℃로 예열한 오븐에 2분 굽는다.
2 1을 그릇에 담아, 레드와인 비네거를 두르고 핑크페퍼를 뿌린 후 올리브오일과 미강유를 뿌린다.

328 ——— 녹은 치즈가 따끈한 바질향 샌드위치

베이컨 & 화이트소스 핫샌드

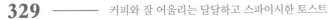

재료(2인분)

바질(굵게 다진) … 7~8장 분량
너트맥파우더 … 조금
화이트소스 … 70g
빵가루(프라이팬에 볶은) … 3큰술
슈레드치즈 … 30g
베이컨(먹기 좋은 크기로 썬) … 40g
식빵(6등분한) … 2장
버터(빵에 바르는 용) … 적당량

만드는 방법

1 식빵과 버터 외의 재료를 섞어서 버터를 바른 식빵 사이에 넣고, 오븐토스터나 핫샌드메이커로 양쪽 면을 노릇하게 굽는다.

329 ——— 커피와 잘 어울리는 달달하고 스파이시한 토스트

시나몬 & 정향 슈가버터 토스트

재료(1인분)

식빵(4등분한) … 1장
버터 … 적당량
설탕 … 적당량
시나몬파우더 … 적당량
정향파우더 … 적당량
슈가파우더 … 적당량

만드는 방법

1 식빵에 버터를 바르고 설탕을 묻혀서 2cm 폭으로 자른다. 오븐토스터로 노릇하게 굽는다.
2 시나몬, 정향, 슈가파우더를 뿌려 마무리한다.

향신료 요리와 음료

카레맛 타르타르 치킨

재료(2인분)

닭다리살 ··· 200g
소금 ··· 1/3작은술
카레가루 ··· 1/2작은술
미강유 ··· 1큰술
삶은 달걀 ··· 2개
오이(가로세로 1㎝로 깍둑썰기한) ··· 1/2개
마요네즈 ··· 80g
꿀 ··· 적당량

만드는 방법

1 닭다리살에 소금을 뿌려 내열용기에 담는다. 증기가 오른 대나무 찜기에 넣어 4분 정도 찌듯이 굽고, 한 김 식으면 먹기 좋은 크기로 자른다.
2 카레가루와 미강유를 내열용기에 담고, 전자레인지로 1분 가열해 카레오일을 만든다.
3 2의 카레오일에 달걀흰자, 오이, 마요네즈, 꿀을 섞은 후 달걀노른자 부분을 넣어 가볍게 버무린다. 1의 닭다리살에 듬뿍 얹는다.

카레맛 수제 후리카케

재료(2인분)

가다랑어(다타키) ··· 180g
소금 ··· 1작은술
염장 다시마(가늘게 썬) ··· 25g
카레가루 ··· 2작은술
가람마살라 ··· 1/2작은술
볶은 참깨 ··· 1/3큰술
완두콩 ··· 취향에 따라
※ 말린 채소를 다져서 사용하면 풍미가 좋아진다.

만드는 방법

1 가다랑어를 냄비에 담아 소금을 뿌리고, 중불로 쪄서 수분을 제거한 후 살을 발라 보슬보슬하게 만든다.
2 나머지 재료를 넣어 1분 정도 더 가열한 후, 키친타월을 깐 트레이에 평평하게 펼치고 여러 시간에 걸쳐 말린다.

닭 간 포르투갈 피클

재료(2인분)

미강유 ⋯ 1큰술
닭 간 ⋯ 200g

A
정향 홀 ⋯ 1/2작은술
파프리카파우더 ⋯ 1작은술
코리앤더파우더 ⋯ 1작은술
마늘(굵게 으깬) ⋯ 1쪽
양파(다진) ⋯ 3+3/4큰술
레드와인 비네거 ⋯ 70㎖
화이트와인 ⋯ 100㎖
꿀 ⋯ 2큰술
월계수잎 ⋯ 2장
미강유 ⋯ 1+1/2큰술

만드는 방법

1 프라이팬에 미강유를 둘러 센불로 가열하고, 닭 간을 굽는다. 양쪽 면을 40초씩 익힌 후 불을 끄고, 뚜껑을 덮어 40초 더 뜸을 들인다. 트레이에 옮겨 식힌다.
2 작은 냄비에 A를 모두 넣고 끓인다.
3 지퍼백에 1과 한 김 식힌 2를 모두 담고, 3시간 이상 절인다.

양고기 샨파나

재료(2인분)

양고기 어깨살(한입크기로 썬) ⋯ 200g
소금 ⋯ 1/2작은술
정향 홀 ⋯ 4개
팔각 ⋯ 1개
커민파우더 ⋯ 1작은술
올리브오일 ⋯ 적당량
양파(슬라이스한) ⋯ 1/2개
레드와인 ⋯ 적당량

만드는 방법

1 양고기에 소금을 뿌려 1시간 이상 재운다.
2 1을 끓는 물에 3분 정도 데친 후, 체에 올려 물기를 제거한다.
3 냄비에 레드와인 외의 재료와 2를 넣은 후, 처음 10분 동안은 중간중간 저어가며 총 1시간 반 약불로 끓인다. 레드와인을 뿌려 마무리한다.

향신료 요리와 음료

334 ——— 중독되는 맛! 부드럽고 스파이시한 치킨

아프리칸 치킨

재료(2인분)

닭다리살(크게 토막썰기한) … 300g

　　카레가루 … 1작은술
　　토마토 퓌레 … 50g
A　요구르트 … 2큰술
　　마늘(다진) … 1큰술
　　소금 … 1/2작은술

양파(웨지모양으로 썬) … 1개

만드는 방법

1　닭다리살과 **A**를 지퍼백에 담아 하룻밤 재운다.
2　프라이팬을 중불로 가열하여, 1과 양파를 넣고 익을 때까지 뒤집으면서 굽는다.

335 ——— 포르투갈 요리의 기본양념!

당근 & 오렌지 커민샐러드

재료(1인분)

커민파우더 … 1작은술
올리브오일 … 2+1/2작은술
당근(가늘게 썬) … 1/2개
오렌지(껍질째 은행잎모양으로 썬)
… 1/8개
토마토(깍둑썰기한) … 1/5개
와인비네거 … 적당량
꿀 … 적당량
고수 … 적당량
소금 … 적당량

만드는 방법

1　커민파우더와 올리브오일을 섞어 전자레인지로 1분 가열한다.
2　1과 나머지 재료를 섞는다.

336 ——— 톡톡 튀는 식감이 즐거워 간식으로도 OK

감자 & 호박 세이지버터 소테

향신료 요리와 음료

재료(1인분)

감자(메이퀸, 작게 한입크기로 썬)
… 2/3개
단호박(작게 한입크기로 썬) … 100g
버터 … 10g

　　세이지 … 적당량
A　양귀비씨 … 2/3큰술
　　닭뼈육수 가루 … 1작은술
　　소금 … 적당량

만드는 방법

1　감자와 단호박을 내열용기에 넣고, 뚜껑을 덮어 전자레인지로 3분 가열한다.
2　프라이팬에 버터를 중불로 가열하여, 1과 **A**를 넣고 전체가 잘 어우러지게 볶는다.

핸즈오프 카레면

재료(1인분)

미강유 … 2큰술
말린 멸치 … 6개
카레가루 … 1작은술
마늘(다진) … 1큰술
생강(다진) … 1큰술
대파(다진) … 3㎝ 분량(20g)
물 … 450㎖
일본식다시 가루 … 1큰술
돼지고기(얇은 삼겹살, 4㎝ 폭으로 썬) … 90g
양배추(가로세로 4㎝로 깍둑썰기한) … 100g
중화면(굵은 면) … 1인분
참깨 … 적당량

만드는 방법

1 뜨겁게 달군 냄비에 미강유와 말린 멸치를 넣고, 1분 정도 약불로 볶는다.
2 카레가루, 마늘, 생강, 대파를 넣고 1분 정도 더 볶는다.
3 물, 일본식다시 가루, 돼지고기, 양배추를 넣고, 끓으면 중화면과 참깨를 넣은 후 뚜껑을 덮어 1분 정도 약불로 졸인다.

향신료 밥

재료(2인분)

자스민 라이스(또는 일본쌀) … 200g
물 … 240㎖(일본쌀인 경우 물 220㎖)
양파 … 1/8개
카다몬 홀 … 2개
씨겨자 … 1큰술 + 1/3작은술
가람마살라 … 2작은술
마늘(간) … 2쪽
생강(간) … 1쪽
소금 … 1/2작은술
레몬 … 1/2개

만드는 방법

1 냄비에 레몬 외의 재료를 모두 넣고, 끓을 때까지 센불로 가열한다.
2 끓으면 뚜껑을 덮고 15분 정도 약불로 밥을 짓는다.
3 불을 끄고, 뚜껑을 덮은 채 5분 정도 뜸을 들인 후 레몬을 듬뿍 뿌려 마무리한다.

향신료 요리와 음료

257

주니퍼베리를 넣은 매콤 토마토 닭고기조림

재료(2인분)

올리브오일 … 2+1/3큰술
닭다리살(한입크기로 썬) … 300g
마늘 … 1쪽
홍고추 … 2개
주니퍼베리(으깬) … 4g
토마토(가로세로 1cm로 깍둑썰기한) … 100g
토마토주스 … 150㎖
월계수잎 … 1장
소금 … 적당량

만드는 방법

1 냄비에 올리브오일을 둘러 중불로 가열하고 닭다리살, 마늘, 홍고추, 주니퍼베리를 넣어 닭다리살이 익을 때까지 볶는다.
2 토마토, 토마토주스, 월계수잎을 넣고 5분 정도 약불로 끓인 후, 소금으로 간을 한다.

생햄을 넣은 코울슬로

재료(2인분)

양배추(한입크기로 썬) … 150g
소금 … 적당량
마요네즈 … 5큰술
요구르트 … 4작은술
생햄(가늘게 썬) … 40g
올리브오일 … 2/3큰술
펜넬시드 … 2작은술

만드는 방법

1 양배추는 소금으로 주물러 물기를 빼 둔다.
2 1에 마요네즈, 요구르트, 생햄을 섞어 그릇에 담는다.
3 올리브오일과 펜넬시드를 내열용기에 담고, 전자레인지에 1분 가열해 펜넬오일을 만든 후 2에 뿌린다.

향신료 요리와 음료

펜넬 간단 소시지

재료(2인분)

다진 돼지고기(굵게 간) … 250g

A
| 소금 … 1/2작은술 |
| 후추(굵게 간) … 적당량 |
| 고춧가루 … 조금 |
| 펜넬시드 … 1/2작은술 |
| 마늘(간) … 1/2쪽 |

미강유 … 1큰술
화이트와인 … 30㎖
양파(웨지모양으로 썬) … 1/2개

만드는 방법

1 볼에 다진 돼지고기와 **A**를 넣어 섞고 조금 가늘며 길게, 먹기 좋은 크기로 나누어 성형한 후 1시간 동안 재운다.
2 프라이팬에 미강유를 둘러 중불로 가열하고, 1 을 넣어 구운 색이 들도록 구운 후 화이트와인을 두르고 뚜껑을 덮어 2분 정도 찌듯이 굽는다. 가장자리에 밀어두고, 양파를 살짝 눌은 자국이 날 때까지 볶은 후 섞는다.

마데이라식 돼지고기볶음

재료(2인분)

돼지고기(얇은 삼겹살, 작게 한입크기로 썬) … 200g

A
| 화이트와인 … 20㎖ |
| 마늘(간) … 1+1/2쪽 |
| 후추 … 1/2작은술 |
| 너트맥파우더 … 1/4작은술 |
| 정향 홀 … 8개 |
| 시나몬파우더 … 1/4작은술 |
| 월계수잎(2등분한) … 2장 |

올리브오일 … 1+1/3큰술
오렌지(한입크기로 썬) … 1/4개

만드는 방법

1 볼에 돼지고기와 **A**를 넣고 섞어, 1시간 동안 재운다.
2 프라이팬에 올리브오일을 둘러 중불로 가열하고, 1 을 넣어 노릇하게 익을 때까지 볶는다. 그릇에 담고 오렌지를 곁들인다.

향신료 요리와 음료

편의점 오이절임 아차르

재료(2인분)

오이절임 ⋯ 3개(절임액으로 만들어도 OK)

A	마늘(간) ⋯ 6쪽
	생강(간) ⋯ 3쪽
	참기름(생참기름) ⋯ 2+2/3큰술
	씨겨자 ⋯ 20g
	일본겨자 ⋯ 2/3작은술
	가람마살라 ⋯ 2작은술
	고춧가루 ⋯ 1작은술

레몬즙 ⋯ 1/2작은술

만드는 방법

1 오이절임은 물기를 빼서 한입크기로 자른다. 내열용기에 **A**를 섞어 아차르 페이스트를 만들고, 비닐랩을 완전히 씌워 전자레인지로 3분 가열한다.
2 오이와 아차르 페이스트를 섞은 후, 레몬즙을 뿌려 마무리한다.

카레버터 병아리콩 볶음

재료(1인분)

병아리콩(통조림) ⋯ 230g
양파(가로세로로 1㎝로 깍둑썰기한) ⋯ 1/4개
카레가루 ⋯ 1작은술
버터 ⋯ 20g
모차렐라치즈 ⋯ 125g
소금 ⋯ 적당량

만드는 방법

1 냄비에 병아리콩 통조림(국물 포함)과 양파를 넣어 센불로 한소끔 끓인 후, 5분 정도 중불로 졸인다.
2 1을 체에 올려 물기를 제거한 후, 적은 양의 오일(분량 외)을 두른 프라이팬에 넣고 볶듯이 굽는다.
3 카레가루를 뿌려 볶은 후 버터를 넣는다. 버터가 녹으면 불을 끄고, 모차렐라치즈를 섞은 후 소금으로 간을 한다.

향신료 요리와 음료

도미 & 채소 향신료 레몬 무침

재료(2인분)

A
| 커민시드 … 1작은술
| 터메릭 … 1/2작은술
| 타임(생) … 3g
| 생강(채썬) … 7g
| 미강유 … 2큰술

레몬(웨지모양으로 썬) … 1/2개
도미(토막, 한입크기로 썬) … 2토막

원하는 채소(모두 한입크기로 썬)
… 총 200g 정도
　양배추
　파프리카
　토마토
　감자
　양파
　당근
　주키니
　브로콜리 등

만드는 방법

1 내열용기에 A를 담고, 비닐랩을 완전히 씌워 전자레인지에 2분 가열한 후 레몬을 짜서 레몬오일을 만든다.
2 냄비에 물(분량 외)을 끓이고, 도미와 채소를 넣어 익을 때까지 삶은 후 물기를 빼서 1과 함께 버무린다.

오이 & 셀러리 커민 요구르트

재료(2인분)

오이(씨 제거) … 2개
셀러리 … 1줄기
요구르트(물기 제거) … 100g
차즈기(채썬) … 10장
마늘(간) … 1/2작은술
커민시드 … 2작은술
올리브오일 … 2큰술

만드는 방법

1 오이와 셀러리는 소금(분량 외)으로 문지른 후 한입크기로 썬다.
2 볼에 1, 요구르트, 차즈기, 마늘을 넣어 섞은 후 그릇에 담는다.
3 내열용기에 커민시드와 올리브오일을 넣어 섞고, 전자레인지에 1분 가열해서 2에 두른다.

향신료 요리와 음료

347 —— 톡톡 튀는 머스터드와 부드러운 치즈의 만남!

리코타치즈 씨겨자 절임

재료(2인분)

씨겨자 … 50g
리코타치즈 … 150g

만드는 방법

1 체에 키친타월을 깔고 리코타치즈,
  씨겨자 순으로 올려 비닐랩을 씌운
  다. 냉장고에 하룻밤 재운다.

348 —— 매운맛을 좋아하는 사람에게 추천! 조금만 넣어도 매콤해지는

안주용 가람마살라

재료(만들기 쉬운 양)

A
  가람마살라(암비카) … 1+1/2큰술
  고춧가루 … 1작은술
  아사푀티다 … 1/4작은술
  미강유 … 1큰술
물 … 3큰술
무즙 … 70g
전분가루 … 1/2작은술

만드는 방법

1 냄비에 **A**와 물 2+1/3큰술을 넣고
  끓인다.
2 무즙을 넣어 끓인 후, 물 2/3큰술과
  전분가루를 넣고 골고루 섞는다.

349 —— 아삭한 마늘종의 식감이 매력적인 밥반찬

소고기 & 마늘종 카레맛 소보로

재료(2인분)

미강유 … 2+1/3큰술
다진 소고기 … 200g
마늘종(가늘게 썬) … 80g
생강(다진) … 2+1/2큰술
카레가루 … 2작은술

만드는 방법

1 프라이팬에 미강유를 둘러 중불로
  가열하고, 나머지 재료를 모두 넣어
  익을 때까지 볶는다.

350 ——— 틀림없는 맛! 차가울 때 더 맛있는 피망

아삭한 피망 & 콘비프 딥

재료(2인분)

미강유 … 2/3큰술
커민시드 … 2+1/2작은술
콘비프 … 1캔(80g)
마요네즈 … 3+2/3큰술
피망(세로로 4등분한) … 적당량

만드는 방법

1 내열용기에 미강유와 커민시드를 넣고, 비닐랩을 완전히 씌운 후 전 자레인지에 1분 가열해서 커민오일을 만든다.
2 볼에 콘비프와 마요네즈를 넣고 버무린 후 1을 넣어 섞는다. 피망을 곁들여 딥으로 즐긴다.

351 ——— 섞어서 굽기만 하면 일품 안주가 완성!

향신료 옥수수

재료(2인분)

스위트콘(냉동) … 200g
버터(무염) … 4g
오일 … 1+1/3큰술
커민시드 … 1작은술
코리앤더파우더 … 3/4작은술
터메릭 … 3/4작은술
후추(굵게 간) … 1+1/3작은술
소금 … 1/2작은술

만드는 방법

1 프라이팬에 모든 재료를 넣고, 중불로 볶는다.

352 ——— 만들어 두면 언제 먹어도 맛있는 일품 스낵

향신료 콩절임

재료(2인분)

완두콩 … 50g(냉동도 가능)
깐 풋콩 … 50g(냉동도 가능)
소금 … 1/3작은술
가람마살라 … 1작은술

만드는 방법

1 냄비에 물(분량 외)을 끓이고, 콩의 식감이 살도록 살짝 데친다.
2 소금을 묻혀 10분 정도 그대로 둔 후 물기를 제거한다.
3 2와 가람마살라를 버무린 후 1시간 정도 그대로 둔다.

향신료 요리와 음료

353 ——— 수제 코티지치즈의 특별함!

코티지 파슬리

재료(2인분)

우유 … 500㎖
사과식초
… 20㎖(어떤 식초든 OK)
파슬리(굵게 다진) … 1~2줄기
후추(굵게 간) … 1/3작은술

마늘(간) … 1/2쪽
올리브오일 … 2/3큰술
소금 … 1/3작은술

만드는 방법

1 우유를 작은 냄비에 넣고 중불에 올린다. 거품이 생기면 약불로 줄이고, 끓기 전에 불을 끈다. 사과식초를 넣고 천천히 저어 응고시킨다.
2 볼에 거즈를 깔고 1을 천천히 부어 코티지치즈를 만든다. 이것을 흐르는 물에 조심스럽게 헹구어 식초를 씻어내고 살짝 짠다(너무 짜지 않도록 주의). 100g 정도의 양이 기준이다.
3 볼에 2와 나머지 재료를 모두 넣고, 부드럽게 섞는다.

354 ——— 양념이 밴 쿠스쿠스와 채소가 밥처럼 술술!

행운의 쿠스쿠스 절임

재료(2인분)

A 간장 … 1큰술 / 설탕(또는 흑설탕) … 1큰술 / 식초 … 1작은술 / 맛술 … 1작은술	풋고추(다진) … 1개 / 소금 … 1/2작은술 / 참깨 … 1작은술 / 쿠스쿠스 … 35g

A
간장 … 1큰술
설탕(또는 흑설탕) … 1큰술
식초 … 1작은술
맛술 … 1작은술

B
무(껍질째 가로세로 5mm로 깍둑썰기한) … 50g
가지(껍질을 벗겨 가로세로 5mm로 깍둑썰기한) … 1/2개
오이(가로세로 5mm로 깍둑썰기한) … 1개
생강(껍질째 가로세로 3mm로 깍둑썰기한) … 1쪽

풋고추(다진) … 1개
소금 … 1/2작은술
참깨 … 1작은술
쿠스쿠스 … 35g
뜨거운 물 … 50㎖
참기름 … 1/3큰술
●파우더 향신료
레드칠리파우더 … 1/2작은술
파프리카파우더 … 1/2작은술

만드는 방법

1 작은 냄비에 A를 넣고, 중불로 살짝 끓여서 2~3분 지나면 불을 끄고 식힌다.
2 비닐팩에 B와 소금을 넣어 주무르고 30분 그대로 둔다. 나온 수분을 충분히 짠다(비닐팩 입구를 열고 비닐째로 짠다).
3 저장용기에 1과 풋고추를 넣고, 참깨를 넣어 2~3일 절인다. 중간에 여러 번 저어준다.
4 볼에 쿠스쿠스를 뜨거운 물과 함께 담고, 5분 정도 뜸을 들여 불린다. 물기를 제거하고 참기름과 파우더 향신료를 넣어 섞는다.
5 3(절임액 포함)과 4를 섞는다.

향신료 요리와 음료

355 ———— 그대로 안주로 먹어도, 고기나 채소를 찍어 먹어도 OK

너티 마요

재료(2인분)

코리앤더시드 … 2+1/2작은술
땅콩(무염) … 40g
마늘(간) … 1쪽
시치미 … 1작은술
후추 … 1작은술
소금 … 1/3작은술
마요네즈 … 1+2/3큰술
레몬즙 … 2작은술
물 … 2작은술

만드는 방법

1 코리앤더시드는 그라인더에 넣어
   부순다(절구도 가능, 없는 경우 칼
   로 잘게 부순다). 땅콩은 푸드프로
   세서로 간다(혹은 칼로 곱게 다진
   다).
2 1과 나머지 재료를 모두 섞는다.

356 ———— 풋고추의 산뜻한 매운맛, 카레에 곁들여도 좋은

토마토 절임

재료(2인분)

토마토(가로세로 1㎝로 깍둑썰기한)
… 200g
마늘(간) … 1쪽
A ┌ 풋고추(다진) … 1개
  │ 레몬즙 … 1큰술
  └ 남플라 … 1큰술
오일 … 2/3큰술
커민시드 … 1+1/2작은술

만드는 방법

1 볼에 토마토와 마늘을 넣어 섞은 후
   A를 넣고 더 섞는다.
2 작은 냄비에 오일을 둘러 약불로
   가열하고, 커민을 넣어 거품이 날
   때까지, 타지 않도록 20초 정도 템
   퍼링한다.
3 1에 2를 넣고 잘 섞는다.

357 ———— 냉장고에 한 달 보관 가능! 매콤한 양념으로도 그만인

그린 아차르

재료(2인분)

오일 … 1/2큰술
풋고추(다진) … 3~5개
소금 … 조금
파프리카파우더 … 조금
코리앤더파우더 … 조금
커민파우더 … 조금
아사푀티다 … 조금(있는 경우)
레몬즙 … 1작은술

만드는 방법

1 냄비에 오일을 둘러 중불로 가열하
   고, 풋고추를 넣어 10초 정도 볶는다.
2 불을 끄고, 나머지 재료를 모두 넣은
   후 남은 열로 향을 내어 반나절 그대
   로 둔다.

향신료 요리와 음료

358 —— 카레와 잘 어울리는 상큼한 레모네이드

향신료 레모네이드

재료(만들기 쉬운 분량)

물 … 200㎖
설탕 … 200g
시나몬스틱 … 1/2개
정향 홀 … 6개
카다몬 홀(으깬) … 8개
메이스파우더 … 1/2작은술
통후추(으깬) … 8개
레몬(껍질째 5㎜ 폭으로 둥글게 썬) … 2개
미네랄워터 … 100㎖~(취향에 맞게)

만드는 방법

1 작은 냄비에 물을 끓인 후 불을 끄고 설탕, 향신료, 레몬 순으로 넣어가며 설탕을 잘 녹인다. 그 다음 식을 때까지 그대로 둔다.
2 얼음을 넣은 유리잔에 1의 시럽 3큰술과 시럽에 절인 레몬 1~2장을 넣고, 미네랄워터를 부은 후 골고루 섞는다.

※ 레몬은 껍질째 써야 하므로 방부제를 사용하지 않은, 논왁스 제품을 사용한다.

359 —— 오렌지주스의 대변신!

향신료 오렌지주스

재료(만들기 쉬운 분량)

오렌지주스(과즙 100%) … 250㎖
A ┌ 정향 홀 … 2개
  │ 펜넬시드 … 1작은술
  └ 통후추 … 4개
오렌지(5㎜ 폭으로 슬라이스한)
… 1장(있는 경우)
정향 홀 … 1개(있는 경우)

만드는 방법

1 작은 냄비에 오렌지주스와 A를 넣어 끓인 후, 불을 끄고 완전히 식을 때까지 그대로 우려낸다.
2 차거름망에 향신료를 걸러 얼음을 넣은 유리잔에 붓는다. 오렌지 슬라이스에 정향을 꽂아서 올려도 좋다.

360 —— 충분히 젓는 것이 포인트!

라씨

재료(2잔 분량)

플레인요구르트 … 200g
우유 … 200㎖
설탕 … 1큰술~(취향에 맞게)

만드는 방법

1 모든 재료를 볼에 담고 거품기로 잘 젓는다(믹서로도 OK).

향신료 요리와 음료

파인 라씨

재료(2잔 분량)

플레인요구르트 … 200g
우유 … 100㎖
파인애플(통조림, 링모양) … 2+1/2장

만드는 방법

1 파인애플 1/2장을 제외한 모든 재료를 믹서로 간다.
2 유리잔에 붓고, 남은 파인애플을 한 입크기로 잘라 넣는다

블루베리 라씨

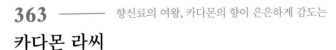

재료(2잔 분량)

플레인요구르트 … 200g
우유 … 100㎖
블루베리잼 … 50g
설탕 … 1작은술~(취향에 맞게)

만드는 방법

1 모든 재료를 볼에 담고, 거품기로 골고루 젓는다(믹서로도 OK).

카다몬 라씨

재료(1~2잔 분량)

플레인요구르트 … 150g
우유 … 100㎖
설탕 … 3+1/3큰술
커민파우더 … 1/8작은술
카다몬파우더 … 1/4작은술
레몬즙 … 1작은술
얼음 … 60g

만드는 방법

1 모든 재료를 믹서에 넣고, 20초 정도 간다.

향신료 요리와 음료

364

티배으로 집에서도 손쉽게 만드는

차이

재료(2~3잔 분량)

물 … 200㎖
설탕 … 1큰술~
시나몬스틱 … 1/2개
정향 홀 … 6개
카다몬 홀(으깬) … 4개
티백(주머니에서 찻잎을 꺼낸) … 2~3봉지 분량
우유 … 200㎖

만드는 방법

1 작은 냄비에 물, 설탕, 향신료를 담아 중불에 올린 후, 끓으면 약불로 줄이고 저으면서 5분 정도 우려낸 다음 일단 불을 끈다.
2 찻잎을 넣고 1분 정도 있다가 우유를 부어, 중불로 한소끔 끓인 후 넘치지 않도록 저어가며 5분 정도 약불로 우려낸다.
3 차거름망으로 향신료를 걸러내며 컵에 붓고, 취향에 따라 설탕을 추가한다.

365

생강으로 따끈하게, 단맛을 줄여 산뜻하게!

생강 차이

재료(2~3잔 분량)

물 … 200㎖
설탕 … 1큰술~
생강(슬라이스한) … 20g
시나몬스틱 … 1/2개
정향 홀 … 4개
카다몬 홀(으깬) … 4개
통후추 … 10개
티백(주머니에서 찻잎을 꺼낸) … 2~3봉지 분량
우유 … 200㎖

만드는 방법

1 작은 냄비에 물, 설탕, 생강, 향신료를 담아 중불에 올린 후, 끓으면 약불로 줄이고 저으면서 5분 정도 우려낸 다음 일단 불을 끈다.
2 찻잎을 넣고 1분 정도 있다가 우유를 부어, 중불로 한소끔 끓인 후 넘치지 않도록 저어가며 5분 정도 약불로 우려낸다.
3 차거름망으로 향신료를 걸러내며 컵에 붓고, 취향에 따라 설탕을 추가한다.

향신료 요리와 음료

민트 차이

재료(2~3잔 분량)

물 … 200㎖
설탕 … 1큰술~
생강(으깬) … 20g
시나몬스틱 … 1/4개
정향 홀 … 4개
카다몬 홀(으깬) … 6개
티백(주머니에서 찻잎을 꺼낸) … 2~3봉지 분량
건조 민트 … 5g
우유 … 200㎖
민트(생) … 3~4장

만드는 방법

1 작은 냄비에 물, 설탕, 향신료를 담아 중불에 올린 후, 끓으면 약불로 줄이고 저으면서 5분 정도 우려낸 다음 일단 불을 끈다.
2 찻잎과 건조 민트를 넣고 1분 정도 있다가 우유를 부어, 중불로 한소끔 끓인 후 넘치지 않도록 저어가며 5분 정도 약불로 우려낸다.
3 차거름망으로 향신료를 걸러내며 컵에 붓고, 취향에 따라 설탕을 추가한다. 민트를 올린다.

카다몬 차이

재료(2잔 분량)

A
┌ 홍차 찻잎(아삼) … 5g
│ 물 … 200㎖
│ 생강(슬라이스한) … 1장
│ 카다몬 홀 … 2개
│ 정향 홀 … 1개
└ 시나몬스틱 … 2㎝ 정도
우유 … 200㎖
설탕 … 1+1/2작은술

만드는 방법

1 작은 냄비에 A를 넣어 중불로 가열하고, 끓으면 약불로 줄여 20분 정도 졸인다.
2 우유와 설탕을 넣고, 약불로 한소끔 끓인 후 불을 끈다.
3 차거름망으로 찻잎과 향신료를 걸러내며 컵에 붓는다.

향신료 요리와 음료

향신료 커피

재료(1잔 분량)

드립백 커피 … 1잔 분량

A

카다몬파우더 … 1/8작은술
시나몬파우더 … 조금(한꼬집 정도)
정향파우더 … 조금(한꼬집 정도)

뜨거운 물 … 120~150㎖
설탕 … 적당량(취향에 맞게)
시나몬스틱 … 1개(취향에 맞게)

만드는 방법

1 드립백을 컵에 세팅하고 **A**를 커피 위에 뿌린다.
2 커피 전체가 젖을 정도의 물(85℃)을 조금 붓고 15초 정도 뜸을 들인다.
3 뜨거운 물을 3~4번에 나누어 붓는다.
4 1분 정도 담갔다 드립백을 꺼낸 후, 설탕을 넣고 시나몬스틱으로 젓는다.

향신료 티

재료(1~2잔 분량)

호로파시드 … 1큰술
커민시드 … 1작은술
물 … 300㎖

만드는 방법

1 작은 냄비에 모든 재료를 넣고, 끓으면 불을 끈 후 3~10분 정도(시간은 취향에 맞게) 그대로 뜸을 들인다.
2 마시기 전에 다시 한소끔 끓인 후, 차거름망으로 향신료를 걸러내며 컵에 붓는다.

허브티

재료(1~2잔 분량)

남는 허브 … 적당량
뜨거운 물 … 300㎖

만드는 방법

1 포트에 허브를 넣고, 뜨거운 물을 부어 5분 정도 뜸을 들인다. 차거름망으로 허브를 걸러내며 컵에 붓는다.

향신료 요리와 음료

사토 고지

카레전문 레시피 개발그룹 「틴 팬 카레」의 「향신료 반찬」
을 담당한다. 향신료를 자유자재로 다루며, 간단하고 맛있는
반찬을 총괄 개발 중이다. 포르투갈 음식점 「크리스티아노」를
비롯해 수많은 음식점을 폭넓게 운영하는 면모를 지녔다.

예전에 셰프로서 유럽의 여러 나라를 다녔고, 동남아시아
를 거쳐 귀국한 사토 고지의 경력은 정말 특별하다. 소문에 의
하면, 포르투갈 요리점을 내기 전에는 도쿄 시내에서 카레 전
문점을 운영했다고도 한다. 풍부한 경험에서 나오는 '맛있는
요리'에 대한 아이디어가 무한하며 반찬 가게, 몬자야키 가게,
라면 가게, 디저트 전문점 등 차례차례 새로운 가게를 만들어
성공시키고 있다. 장르에 구애받지 않는 특별함이 '사토 요리'
라는 새로운 경지로 결실을 맺고 있는 듯하다.

그가 만들어 내는 요리는 식사에만 국한되지 않은 것이 많
은데, 신기하게 술에도 잘 어울린다. 사토 본인이 애주가라는
이야기는 아직 듣지 못했지만, 타고난 센스와 기술을 가진 것
만은 틀림없다. 레시피는 그리 어렵지 않아 금방 만들 수 있
다. 맛과 향의 조합이 뛰어나므로, 새로운 향신료 요리가 그의
손을 거쳐 차례차례 태어날 것이라 기대한다. (미즈노 진스케)

카 레 에 관 한
Q&A100

알면 알수록 궁금증이 커지는 카레. 요리의 기본부터 잡학까지 다양한 질문에 대해, 「틴 팬 카레」를 대표하여 미즈노가 답한다.

Q001.

향신료의 조합에는 어떤 것들이 있나요?

A. **무수히 많습니다.** 이 책의 레시피를 다양하게 시도해 보고, 마음에 드는 조합을 찾아보세요. 결국 카레는 향신료의 배합이 가장 중요하지 않을까 생각하네요.

Q002.

조리도구를 추천해 주세요.

A. 카레는 적은 도구로도 만들 수 있는 요리라고 생각하는데 **나무주걱, 고무주걱이 있으면 편리해요.** 특히 고무주걱은 냄비 위쪽에 살짝 눌어붙은 부분도 긁어낼 수 있어 좋은 아이템입니다.

Q003.

카레를 도시락으로 즐길 수 있는 아이디어가 있나요?

A. **인도식 도시락통**을 구입하면 어떨까요? 차가운 카레 레시피를 시도해 봐도 좋을 것 같네요.

Q004.

홀 향신료를 익히지 않고 그대로 먹으면 안 될까요?

A. 일본에 유통되고 있는 향신료는 기본적으로 균량 검사를 통과했기 때문에 문제없다고 봐요. **로스팅하면 향도 좋아지고 안심이 되지요.** 하지만 결론적으로, 카레를 가열할 때 로스팅이 되기 때문에 미리 볶을 필요는 없습니다.

Q005.

「난 & 버터치킨」이 일본에서 인도 카레의 대명사가 된 이유는 무엇인가요?

A. **인기가 많아서일까요?** 많은 사람이 좋아하는 맛은 새로운 세계로 향하는 문이 되지요. 아주 좋은 일이라고 생각합니다. 인도 주변 국가가 아닌 곳에서도, 일본과 비슷한 스타일의 인도 음식점이 많은 듯합니다. 난 & 버터치킨의 인기는 세계적인 흐름일지도 모르겠네요.

Q006.

카레에 질린 적이 있나요?

A. **전혀 질리지 않아요. 그만큼 카레의 세계가 끝도 없이 넓기 때문입니다.** 개인적으로 쉽게 질리는 편이라서, 질리게 되면 다른 관점을 찾아 새로운 것을 시작해요. 하지만 카레의 세계 안에 있는 건 변하지 않기 때문에, 결국 부처님 손바닥 위에 있는 듯한 기분이네요.

Q007.

카레를 만들 때
믹서기가 꼭 필요한가요?

A. 토마토나 양파 같은 신선한 채소와 향신료를 함께 사용해 카레를 만들 때는 편리하지만, **필수는 아닙니다.** 없으면 없는 대로 맛있게 만들 수 있으니까요.

Q008.

이야깃거리가 될 만한,
카레 먹는 방법이 있으면 알려주세요.

A. 술자리에서 이야깃거리가 되기 좋은 **낫토 토핑!** 찬반양론이 있기는 하지만, 저는 낫토 카레와 된장국을 좋아합니다.

Q009.

향신료의 효과적인 사용법을
알고 싶어요.

A. 향신료 안에 있는 향 성분은 가열에 의해 휘발됩니다. 휘발되는 향에는 물에 녹는 것과 오일에 녹는 것이 있습니다(수용성과 지용성). 카레에 사용하는 향신료 에센스는 오일에 녹는 것이 많기 때문에, **따뜻한 오일과 조합하는 것이** 중요합니다.

Q010.

카레 만들 때 사용하는 「기름 · 오일」 중
추천할 만한 것이 있으면 알려주세요.

A. **단일 식물, 동물에서 채취되는 오일이 좋습니다.** 개인적으로 홍화유, 미강유, 올리브오일, 참기름, 코코넛오일, 기(인도요리에 사용되는 정제버터) 등을 사용합니다. 동물성인지 식물성인지는, 취향이나 상황 등에 따라 선택하는 것이 좋겠네요.

Q011.

가람마살라는
어떤 브랜드의 제품이라도
상관없나요?

A. **무엇이든 괜찮아요. 취향의 문제라고 생각합니다.** 결국엔 스스로 블렌딩하는 것이 가장 좋겠지요. 제가 블렌딩한다면 그린카다몬, 정향, 시나몬, 빅카다몬, 메이스, 너트맥, 후추, 팔각 정도를 넣을 것 같네요. 갓 볶아서 바로 갈았을 때의 향이 탁월합니다.

Q012.

향신료의 상태를 평가하는
요령이 있나요?

A. 향을 맡는 방법 말고는 없어요. **홀 향신료는 모양과 색을 살핍니다.** 가장 좋은 방법은 마음에 드는 브랜드를 찾는 것입니다. 카다몬이나 정향은, 모양이 잘 잡혀있고 색이 선명한 것이 향이 좋을 가능성이 높습니다.

Q013.

루 카레가 왠지 부족하다 느낄 때,
넣으면 풍미가 더해지는
향신료가 있나요?

A. **정석대로 가람마살라?** 생 향신료가 마무리 향으로 가장 알맞습니다. 생강을 채썰어 넣어도 좋고요. 마음에 드는 향신료를 찾아보세요.

Q014.

카레에 어울리는 고기의
종류, 산지, 부위에 대해 가르쳐 주세요.

A. **그때그때 먹고 싶은 것을 사용하면 됩니다.** 가장 풍미가 약한 것이 닭고기니까, 향신료 향도 특히 잘 살겠네요.

Q015.

카레를 먹고, 몇 가지의 향신료가
들어 있는지 맞출 수 있나요?

A. **먹는 것만으로는 몇 가지 향신료가 들어 있는지 알기 어렵습니다.** 돋보이는 몇 가지는 알 수 있겠지만, 모두를 정확히 맞출 수 있는 사람은 전 세계에 한 명도 없을 듯하네요.

Q016.

가장 많이 사용해 본
향신료 종류는 몇 가지인가요?

A. 20가지 정도까지 사용해 봤지만 추천하지는 않습니다. 향신료는 **많아도 10가지 정도가 좋습니다.** 그 이상이 되면 임팩트가 약해지는 느낌이에요.

Q017.

좋아하는 향신료 향을
가장 돋보이게 하는 방법이 있나요?

A. 밸런스도 중요하지만, **좋아한다면 많이 사용해 보는 것**은 어떨까요. 홀이라면, 갈아서 파우더로 만들면 더욱 강한 향을 낼 수 있고요. 향신료는 부술수록 향이 강해지므로 한 번 시도해 보세요.

Q018.

커리잎을 실내에서 키우면
방에서 카레 냄새가 나요?

A. **향이 그렇게 세지 않으니 안심하고 키워도 됩니다.** 겨울철에는 해가 드는 실내에서 키우고요. 봄이 되면 흙을 더해 화분을 조금 크게 만드는 것이 좋습니다. 이런 작업은 봄이 적당하지요. 여름에는 잎이 무성해지고 커질 겁니다. 기대해도 좋아요.

Q019.

재료를 조합하는 요령은
무엇인가요?

A. 감각. 바꿔 말하면 경험치라고 봐요. 더 깊이 파고들자면, 개인적으로 「제철」을 많이 의식합니다. 예를 들어, 콜리플라워 & 오크라 카레는 좀 어울리지 않습니다. 콜리플라워의 제철은 겨울, 오크라의 제철은 여름이니까요. 가지와 오크라, 콜리플라워와 무 조합은 괜찮습니다. 이것도 결국에는 감각이지만요.

Q020.

채소카레는 감칠맛 내기가
어려운데, 어떻게 하면
제대로 된 카레를 만들 수 있나요?

A. **하나는 설탕 등의 단맛을 더하는 방법, 또 하나는 콩이나 견과류, 코코넛밀크, 유제품을 넣는 방법** 등이 있습니다. 베지카레는 부드러운 맛이 나지요. 그런 점을 받아들이고 먹을지, 감칠맛이나 포만감을 더할지, 어려운 결정이네요.

Q021.

완성한 카레가
그다지 맛이 없을 때,
어떻게 해야 하나요?

A. 수분량이나 염분량과 관계있는 경우가 많은 것 같습니다. 따라서 「**졸여서 깊은 맛 내기**」 또는 「**소금을 넣어 임팩트 주기**」가 좋지 않을까 싶네요. 맛을 전체적으로 더 깊게 내고 싶다면 숨은 맛을 활용하는 건 어떨까요. 단맛 성분을 가진 것, 유제품이나 발효조미료의 감칠맛은 좋은 무기가 됩니다.

Q022.

조리 중에 가장 신경 써야
할 부분은 무엇인가요?

A. **가열 정도입니다!!!** 어려운 부분이지요. 중요한 요소로 불, 물, 오일, 소금, 향신료 등이 있습니다. 이것들을 의식해 카레를 만들면, 점차 보이기 시작하는 게 있을 겁니다.

Q023.

인도음식점에서는 카레를
어떤 상태까지 미리 만들어 두나요.

A. 가게에 따라 다르겠지만, 예전부터 있던 편자브풍이나 무글라이 요리 등은 베이스를 **만들어 두고 재료만 섞는** 곳이 많다고 합니다. 하지만 최근 인도음식점은 **바로바로 카레를 완성하는 방식도 많은** 것 같아요. 단, 주문 후에 만들기 시작하는 곳은 아직 적다고 봅니다.

Q024.

오랫동안 푹 끓여서 파는
카레집도 있는데, 가장 오래 끓여본
시간은 어느 정도인가요?

A. 100시간 끓이면 100시간 끓인 만큼의 감칠맛이 납니다. 개인적으로 가장 오래 끓인 시간은 2~3시간 정도네요.

Q025.

고기의 누린내를 없애면서
감칠맛을 살리는
방법은 무엇인가요?

A. 역시 **향신료의 사용이 핵심**입니다. 고기에서 누린내가 느껴진다면, 가람마살라 계열의 향신료를 사용하면 좋습니다.

Q026.

「카레는 다음날이 더 맛있다」는 말이
사실일까요?

A. 다음날 먹는 카레, 맛있지요. 어느 조리과학책에서 하룻밤 재운 카레는 **걸쭉함 외의 포인트가 모두 떨어진다**고 읽은 기억이 나네요. 그러니까 향, 맛, 감칠맛 모두 갓 만든 카레의 수치가 더 높다는 이야기지요. 그렇다 해도 왠지 다음날 카레가 맛있게 느껴지는 건 신기한 일입니다.

Q027.

양파 없이도 맛있게 만드는
요령이 있나요?

A. 버터치킨 카레는 원래 양파를 사용하지 않습니다. 따라서 **양파 없이도 맛있는 카레는 얼마든지 가능**해요.

Q028.

카레를 더 맛있게 먹는
「비법」이 있으면 가르쳐 주세요.

A. **좋아하는 사람과 먹는 것**, 이게 중요하겠지요. 이걸 가르쳐 준 사람은 순음악가 고 엔도 겐지 씨였습니다.

Q029.

향신료의 브랜드를
선택하는 요령이 있나요?

A. **여러 브랜드의 향신료를 사서 직접 향을 비교**해 보세요. 재미있을 겁니다. 브랜드마다 전혀 다르기 때문에 그중 맘에 드는 브랜드를 사면 될 것 같습니다.

Q030.

레시피 분량이나
재료를 응용할 때
적당량을 판별하는 방법이 있나요.

A. 경험이 중요해요. **처음에는 레시피대로 계량**합니다. 일단 레시피대로, 어느 재료를 얼마만큼 넣었을 때 어떤 맛이 나는지 알아야 합니다. 자기만의 측정 도구를 만드는 것이 중요하지요. 적당량은 배우는 것이 아니라, 스스로 찾아야 하는 것 같습니다.

Q031.

향신료 중
좋지 않은 조합이 있나요?

A. **조합에 좋고 나쁨은 특별히 없는** 것 같습니다. 그보다 각 향신료의 사용량과 균형이 더 중요합니다.

Q032.

오복채나 락교 외에 카레와
잘 어울리는 곁들임은 무엇인가요?

A. **무엇이든 좋습니다.** 인도와 네팔에서 사랑받는 아차르라는 절임도 좋은데, 일본 카레에서도 점차 주목받을 것 같습니다.

Q033.

추천할 만한
조리도구 브랜드가 있나요?

A. **지금 사용하는 도구로 충분**하다고 생각합니다. 왜냐하면 자신만의 '기준'이 생기니까요. 가진 냄비를 여러 번 사용해서 어느 정도로 가열했을 때 재료가 어떤 상태가 되는지, 향이 어느 정도로 나는지 등에 대해 자신만의 기준을 갖는 게 중요합니다.

Q034.

아이와 함께 먹을 수 있는, 맵지 않은
향신료 카레를 만들 수 있나요?

A. **매운맛을 내는 향신료는 한정적입니다.** 카레에 사용하는 것 중에는 고추, 머스터드시드, 후추, 생강 정도지요. 이 4가지를 사용하지 않으면, 기본적으로 맵지 않은 카레가 완성됩니다. 다만 향신료의 자극적인 향 자체를 「맵다」고 느끼는 사람도 있어요. 가령 그런 자극에 약한 아이한테는, 비장의 카드로 시판 카레 루를 마지막에 조금만 넣는 것도 좋습니다.

Q035.

카레를 싫어하는 친구한테
알맞은 카레를 고민 중인데,
조언해 주세요.

A. **친구의 의견을 들어보면 어떨까요?** 카레에 사용하는 재료를 쭉 늘어놓고 호불호를 들어보세요. 그러고 나서 향신료의 향을 여러 번 맡아보게 하고 호불호를 들어보세요. 좋다고 하는 것들로만 카레를 만드는 겁니다. 재미있을 거예요!

Q036.

카레가 몸에 좋은지,
효능을 알고 싶어요.

A. 카레가 몸에 좋은지 어떤지 **개인적으로는 잘 모릅니다.** 향신료는 다양한 효능을 가진다고 알려져 있지만, 개인차도 있고요. 향신료와 카레의 효능에는 「질」, 「양」, 「궁합」이라는 3가지 포인트가 있습니다. 이것을 자신의 몸 상태나 체질에 맞추어 판단하려면, 정신이 아찔할 정도로 난해해질 것 같은 느낌이네요.

Q037.

일본 카레 중에
좋아하는 카레는 무엇인가요?

A. 단연코, **수프카레!** 일본 카레의 혁명이라고 생각해요. 타의 추종을 허락하지 않을 만큼 특별한 존재로, 카레 요리로서의 완성도도 높다고 생각합니다. 완전히 개인적 취향이라서, 근거는 전혀 없지만요.

Q038.

인도의 키마카레는 수분이 많은
느낌인데, 수분이 적은 키마카레는
일본만의 독자적인 장르인가요?

A. **인도에서 수분이 많은 키마, 수분이 적은 키마를 모두 먹어본 적 있습니다.** 키마라는 말이 다짐육을 의미한다고 해요. 인도에서는 치킨 키마와 양고기 키마를 많이 먹습니다.

Q039.

맛을 오래 유지시키는
보관방법을 알고 싶어요.

A. **역시 냉동입니다!** 보관용기에 담아 냉동실에 보관하는 것이 최고입니다. 향은 약해지지만요.

Q040.

좋은 향신료를 구하는
방법을 알고 싶어요.

A. **같은 향신료를 여러 브랜드로 사서 향을 비교하는 게 좋습니다.** 예를 들어 커민, 코리앤더, 카다몬 등을 3개 정도 브랜드에서 홀 상태로 구입한 후 비교해보면 자신의 취향을 알 수 있을 겁니다.

Q041.

인도에서 모두가 고개를 옆으로
흔드는 것이 너무 흥미로웠는데,
어떤 의미인가요?

A. 「OK」나 「YES」 같은 의미로 알고 있습니다. 재미있죠?

Q042.

양파를 어떻게 볶아도
일부가 타 버려서
색이 고르지 않아요.

A. 색을 고르게 들일 필요가 없다고 생각해요. 카레 베이스로 양파를 볶을 때, 나중에 토마토나 물 등의 수분이 들어가게 되는데 그 수분이 냄비 속에서 양파 표면을 건드려 전체를 고르게 만들어 줍니다. 신경이 쓰인다면 중간중간 물을 조금씩 넣어 볶는 방법도 있습니다.

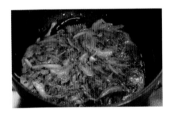

Q043.

카레 종류에 따라 끓이는 시간이
달라지는 이유는 무엇인가요?

A. 보통 주재료의 익는 시간에 따라 달라지는 것 같네요. 채소나 생선은 쉽게 익지만, 뼈가 붙은 고기일 경우 시간이 걸립니다. 이것과 관계없이, 일부러 오래 끓여서 재료 맛을 소스로 최대한 추출하고 싶은 경우에도 시간은 길어집니다. 아니면 맛을 강하게 내고 싶다든가?

Q044.

카레 재료로
알맞지 않은 것이 있나요?

A. 사용법에 따라 무엇이든 사용할 수 있습니다. 하지만 **딸기는 어울리지 않더군요**……. 고추냉이나 수박도 어렵고요. 의외로 있긴 하네요.

Q045.

카레란 무엇일까요?

A. 카레의 정의. 카레란 무엇일까? 어렵네요. **너무 어려운 질문이에요.** 언젠가 나름의 답을 찾고 싶어서 카레 관련된 일을 하고 있습니다.

Q046.

향신료의 가격이 급등하고 있어요.
어떻게 생각하시나요?

A. 향신료의 가격 급등이라, 곤란하지요. 직접 해결할 순 없지만, 고급 기호품이 되어 버렸을 때 **그런 카레를 어떻게 즐길 수 있을지 생각해 보는 일도 흥미로울 것 같습니다.**

Q047.

카레 체인점의 종류는
왜 적을까요?

A. 왜일까요? 밖에서 먹는 사람보다 **집에서 만드는 사람이 훨씬 많아서**일까요. 가령 라면 같은 경우는 반대지요. 밖에서 먹는 사람이 더 많은 것 같거든요. 그래서 라면집이 카레집보다 훨씬 많은 것 같습니다.

Q048.

파파담(콩가루를 얇게 펴서 구운
인도의 구움과자)을 만들 수 있나요?

A. **파파담은 사서 사용합니다.** 직접 만들 수 있
지만 만든 적은 없네요. 사는 편이 더 맛있는
거 같아요.

Q049.

마늘과 생강은 튜브 제품을
사용해도 되나요?

A. 튜브 제품은 사용하지 않습니다. **직접 갈아서
사용해요.** 간단하니까요. 그쪽이 맛이 더욱 좋
다고 단언할 수 있습니다.

Q050.

수프 카레는 왜
홋카이도에만 정착했을까요?

A. 왜일까요. **전혀 모르겠어요.** 수프 카레를 개
인적으로 너무 좋아해서, 삿포로에 갈 때마다
꼭 몇 군데는 방문합니다. 정말 맛있지요.

Q051.

어울리지 않는
재료 조합도 있나요?

A. 취향은 제각각이니까요. **무엇이든 괜찮다고
봐요.** 고기, 채소, 해산물을 모두 조합한 모둠
카레도 맛있을 것 같고요. 그런데 모둠 카레를 만들어
본 적은 없네요. 시도해 볼까.

Q052.

고기는 역시
밑간을 하는 편이 좋나요?

A. **밑간하는 것이 좋지요.** 소금, 후추를 뿌리고
프라이팬 등으로 따로 볶아 카레에 넣는 편이
맛있어요. 단, 생고기를 보글보글 끓고 있는 카레 냄비
에 바로 넣어도, 그 나름의 좋은 느낌으로 완성됩니다.
아마 카레는 다른 요리보다 풍미가 강하기 때문에, 밑
간의 차이를 알아차리기 어려운 걸지도요.

Q053.

버터치킨 카레를
맛있게 만들 수 있는
숨은 비법을 알려주세요!

A. 버터치킨은 **어떻게 만들어도 언제나 맛이
좋습니다.** 토마토를 조려서 맛을 응축시키면
맛이 깊어지지요. 이건 꼼수이긴 하지만, 설탕이나 꿀
등의 단맛을 첨가하면 쉽게 맛있어집니다.

Q054.

향신료를 정할 때
주의해야 할 포인트가 있나요?

A. '알맞게' 블렌딩하는 것입니다. **향신료 3종
세트를 기억해 두면 좋을 것 같네요.** 나만
의 조합이지만 홀 향신료는 「머스터드시드, 커민시드,
레드칠리」. 파우더 향신료는 「터메릭, 레드칠리, 코리
앤더」. 이 조합만으로도 충분히 즐길 수 있어요

Q055.

홀 향신료는 그라인더로
그때그때 파우더로
갈아 사용하는 게 좋나요?

A. 향신료는 홀 상태로 사서 **직접 갈아 파우더로 만드는 편이, 단연코 향이 좋아요!!!** 조금 귀찮겠지만 추천하는 방법입니다.

Q056.

카레빵 맛집을
알려주세요.

A. 산겐자야의 「**블랑주리 시마**」를 좋아합니다. 틴 팬 카레의 시마 겐타 씨 가게지요. 개인적으로 튀긴 카레빵을 좋아합니다.

Q057.

향신료의 특징을 알려면
어떤 방법이 좋나요?

A. **일단 써 보는 게 좋습니다.** 초기에는 이름과 향이 연동되도록 훈련하는 것도 좋고요. 향을 맡았을 때 이름을 알 수 있어야 하고, 이름을 듣고 향이 연상되어야 합니다. 이걸 둘 다 할 수 있게 되면 훨씬 친숙하게 느껴질 거예요.

Q058.

카레를 먹을 때 주로 마시는 음료는
무엇인가요?

A. **탄산수**입니다. 톡톡 쏘지만, 맛을 띠지 않아서 좋은 것 같네요. 카레가 플레이버 덩어리이기 때문에, 풍미가 강한 것과 조합하기는 어려울 것 같아요. 탄산수, 최고!

Q059.

요즘 관심 가는
조합이 있나요?

A. 최근 드디어 락교의 맛을 깨닫게 되었습니다. 카레 토핑으로는, 예나 지금이나 NO. 1은 완숙 달걀이지요. 그리고 카레에 미소시루가 함께 나오는 가게도 좋아합니다.

Q060.

「나이르 레스토랑」에서 카레가
제일 맛있는 요일은 언제인가요?

A. 언젠가 나이르 요시미 씨가 그 얘기를 했어요. 「매일 같은 맛을 내는 게 목표지만, 무조건 ○ 요일이 제일 맛있어요」라고. 근데 무슨 요일인지 잊어버렸네요. 1주일 동안 매일 다녀봅시다.

Q061.

향신료는
묵힐 일이 있나요?

A. 개인적으로 묵히지 않습니다. 숙성시킨 느낌을 원할 때 묵히기도 하지만, 원두와 마찬가지로 **빨리 사용할수록 신선도도 좋고 향도 좋지 않을까 생각합니다.**

Q062.

BBQ에 향신료통을 가져간다면, 무엇을 가지고 갈 건가요?

A. 재미있는 질문이네요. 이 답변이 질문 의도와 조금 어긋날 수도 있지만, 개인적으로 「CRAFT SPICE」 제품을 추천합니다. 확실히 아웃도어 식사에 제격인 느낌이에요.

Q063.

카레와 관련된 일 중, 지금까지 가장 기뻤던 것은 무엇인가요?

A. **함께 즐길 수 있는 동료들을 만나,** 다양한 그룹을 만들거나 프로젝트를 함께 할 수 있었다는 점이네요. 「틴 팬 카레」처럼요.

Q064.

반대로 카레 때문에 힘들었던 점은 무엇인가요?

A. 인터넷 같은 곳에서, 모르는 사람들이 하는 **무신경한 말들**입니다. 뭐, 어쩔 수 없는 일이지요.

Q065.

뜨겁고 매운 카레가, 추운 겨울보다 한여름에 더 맛있게 느껴지는 이유는 무엇일까요?

A. 이미지 아닐까요. **카레는 봄 여름 가을 겨울 언제나 맛있다**고 생각합니다.

Q066.

레시피대로 만들었는데 사진보다 전체적으로 색이 밝아요.

A. 양파와 관계없이, 과정마다 **가열 정도를 정확히 지킨다면** 레시피 사진과 가깝게 완성됩니다. 능숙한 사람과 그렇지 않은 사람의 가장 큰 차이는, 특히 볶는 과정에 있어서 가열 정도라고 생각해요.

Q067.

재료맛을 끌어내는 향신료와의 궁합이 있나요?

A. 궁합은 있어요. 있긴 하지만, 만드는 사람과 먹는 사람의 기호에 달려 있습니다. 그걸 뛰어넘는 보편적인 궁합이라는 것도 있는 듯하지만, 아직은 잘 모르겠네요.

Q068.

완성된 카레에 홀 향신료가 남아 있는 것이 싫은데, 혹시 방법이 있나요?

A. 완성될 때까지 향신료의 향은 계속 살아있습니다. **빨리 꺼내서 향을 줄이거나, 남은 향신료를 참고 먹거나,** 둘 중 하나겠네요.

Q069.

카레를 만들어 SNS에 올리면
'카레집이라도 차리는 거야?'라고들
하는데, 어떻게 대답하면 좋나요.

A. 「마음은 이미 차렸어요!」라는 대답은 어떨
까요.

Q070.

손님이 올 때마다 방에서
향신료 냄새가 난다고 하네요.
미즈노 씨의 랩도 그런가요?

A. 랩에서도 「좋은 향이 나네요~」라는 말을 많이
듣습니다. 냄새가 난다고 한다면, 향신료를 싫
어하는 손님의 경우라 어쩔 수 없지요. 다른 향으로 감
추려 한들, 향신료가 은은하게 퍼지고 맙니다. **환기 말
고는 없어요!**

Q071.

달걀은 카레랑
왜 이렇게 잘 어울릴까요?

A. **개인적으로 달걀 토핑을 너무 좋아합니다.**
삶은 달걀도 달걀프라이도 최고예요. 달걀보
다 더 좋은 토핑은 없지만, 가라아게(닭튀김)도 좋지요.
인도에 가면, 아침에 길거리에서 마살라 오믈렛을 먹을
때가 있습니다. 매콤한 달걀말이인데, 맛있어요.

Q072.

양파 자르는 방법이나
가열 방법에 규칙이 있나요?

A. 카레에서 **양파를 자르는 방법과 가열 방법
은 무수히 많습니다.** 만들고 싶은 카레에 따
라 저는 늘 방법을 바꿔요.

Q073.

흰 티셔츠에 카레를 쏟았을 때,
요긴한 얼룩 제거 방법이 있으면
알려주세요.

A. 자외선을 쬐면 터메릭의 색이 잘 지워진다고
들은 적 있네요. 개인적으로 셔츠도 티셔츠도
기본적으로 흰색밖에 입지 않는데, 저만의 해결방법이
있기는 합니다. **얼룩이 묻어도 「신경쓰지 않는다」
는 것**이죠. 모든 티셔츠를 조리복이라 여기면 편해질
겁니다.

Q074.

달달한 카레를 만들 때,
설탕 외에 추천할 만한 재료는 없나요?

A. **처트니나 잼**이 좋을 것 같네요. 개인적으로
마멀레이드, 블루베리, 망고 등을 사용할 때도
있습니다. 꿀을 사용할 때도 있고요.

Q075.

카레의 베이스 재료 중에 대표가 양파인데,
양파를 대신할 만한 재료가 있나요?

A. **대파**가 좋겠네요. 파 종류를 여러 가지 더 알
아보고 싶군요.

Q076.

대파로 카레를 만들면
어떤가요?

A. 언젠가 홋카이도에 대파가 너무 많이 수확되어
폐기해야 할 정도라며, 대파를 듬뿍 보내줘 양
파 대신 사용한 적이 있습니다. 양파보다 **단맛이 나서
맛있었습니다.** 우연이었는지는 모르겠지만요.

Q077.

인도음식점에서 샐러드에 뿌리는
오렌지색 드레싱을
직접 만들 수 있나요?

A. 만들 수 있습니다. **믹서로 갈아 페이스트를
만들기만 하면** 돼요. 양파, 파프리카, 몇 가지
향신료, 여기에 당근을 넣는 곳도 있고요. 인터넷에 여
러 레시피가 있습니다. 다만, 인도는 생채소를 샐러드
로 먹는 경우가 별로 없어요. 반대로 반드시 곁들인다
해도 과언이 아닌 생채소는 양파로, 매운맛이 입안을
개운하게 해줍니다.

Q078.

카레에 타피오카를 토핑하면
여고생들에게 인기가 있을까요?

A. 이미 **붐이 지났으니 지금은 먹히기 어렵지
않을까요?** 결국 타피오카를 먹어보지 못하고
시간이 흘렀네요. 아, 버블티는 먹는 게 아니라 마시는
거겠군요.

Q079.

카레를 좋아하는 사람은
밴드 경험자가 많은 것 같아요.
왜일까요?

A. 뮤지션 중 카레를 좋아하는 사람이 정말 많지
요. 카레가게 셰프이지만 취미로 음악을 하는
사람도 많고요. 왜 그럴까요? **향신료의 조립과 소리
의 조립이 비슷한 걸까요?**

Q080.

꼭 만들고 싶은 레시피인데,
향신료가 없는 경우
어떻게 하나요?

A. **달려나가서 삽니다!** 꼭 만들고 싶은 레시피
니까요.

Q081.

투명한 카레를
실제로 만들 수 있을까요?

A. 투명한 커피가 유행했던 것과 같습니다. 분명
카레도 가능하겠지요. 카레회사에 기대를 걸
어 봅시다. 다만 수익이 나지 않을 것 같으면 성사되지
않을 지도요.

Q082.

카레를 먹으면서 보면 좋은
추천 영화가 있나요?

A. 아, 그건 생각해 본 적이 없네요. 카레와 영화에 대해 연재하고 있지만……. 근데 영화를 보면서 카레를 먹습니까? **영화에 집중해 주세요.**

Q083.

이건 실패구나 했던
카레가 있나요?

A. **수박 카레!** 이제 만들지 않습니다.

Q084.

인도인들은 실제로
일본 카레를
어떻게 생각할까요?

A. 「코코이찌방야」가 인도에 입점했다는 소식을 들었어요. 인도인들이 「**일본 카레도 일본 카레대로 맛이 좋네!**」라고 한다고요. 일본 카레는 나름 굉장합니다. 감칠맛 조미료의 효과를 톡톡히 본 듯하지만요.

Q085.

카레를 마늘 없이도 맛있게
만드는 방법이 있나요?

A. 마늘은 나도 모르게 사용해 버리기 쉬운데, **없어도 맛있는 카레는 만들 수 있습니다.** 인도에서는 종교상의 이유로 마늘을 먹지 않는 사람도 있고요.

Q086.

카레빵에 어울리는 카레는
무엇인가요?

A. **어떤 종류의 카레라도 좋습니다!** 그래서 카레빵은 대단해요. 단, 수프 카레는 어울리지 않아요. 카레빵 필링으로 쓰려면, 졸여서 아주 되직하게 만들어야 합니다.

Q087.

아무도 모를 것 같은,
소중한 숨은 맛이 있으면
알려주세요.

A. **드러나지 않게 사용하면 무엇이든 숨은 맛입니다.** 뭐든지 좋아요. 중요한 건 균형과 사용량입니다. 무엇을 넣었는지 먹는 사람이 알아차리면 「실패」라고 생각하세요. 발효조미료 중 마니악한 것을 찾으면 좋을 것 같습니다. 이시루(생선을 1년 이상 발효 숙성시킨 것) 같은 거요.

Q088.

카레를 먹고 난 후에는 역시
「매워~」라는 평가가 좋을까요.

A. 매운 것이 **당연**합니다.

Q089.

카레와 페어링하기 좋은
음료를 추천해 주세요.

A. **가장 좋은 것은 「물」입니다.** 그리고 남인도 요리에서는 사우스 인디언 커피라고 해서, 차이보다도 밀크커피에 설탕을 가득 넣어 마십니다. 알코올은 잘 어울리지 않고요. 가령 와인처럼 섬세한 향을 즐기는 음료는 개인적으로 추천하지 않습니다.

Q090.

향신료는
어디서 구입하는 것이 좋나요?

A. 「인도 아메리칸 무역회사 SPINFOODS」, 「Anan」, 「NAIR 상회」 등이 있습니다. 인도에서 직수입한 것은 살균처리가 빈약하지만, 균량 검사를 받고 있기 때문에 문제는 없습니다. 살균, 멸균 처리를 제대로 하면 그만큼 향이 날아가 버리므로, 일본산 향신료는 아무래도 향이 약한 느낌이네요.

Q091.

생선으로 카레를 만들어보고 싶은데,
어쩐지 맛을 정하지 못하겠어요.

A. 생선 카레 맛있지요. 개인적으로는 새우, 게 등 갑각류는 유럽식 카레에 맞고, **생선 카레는 인도계 요리와 궁합이 좋을 듯합니다.**

Q092.

오사카 「인디언 카레」같이,
시간차로 오는 매운맛의 요인은
무엇인가요?

A. 「인디언 카레」는 달고 맵지요. 맛집 프로그램 등에서 흔히 듣는 「**첫맛은 단데 점점 매워진다**」라는 말은 일반적으로 미각을 느끼는 방식이라고 할 수 있습니다. 오미(단맛, 신맛, 짠맛, 쓴맛, 감칠맛) 중에서 가장 먼저 느끼는 것이 「단맛」, 마지막에 오는 것이 통각인 「매운맛」이라고 합니다. 그런 의미에서 오미의 감각을 제대로 즐기게 해주는 카레인지도 모르겠네요.

Q093.

만든 다음날 카레는
어떻게 먹으면 좋나요?

A. **차가운 채로 따뜻한 밥에 얹어 먹는 것을 좋아합니다.** 그래서 카레 도시락도 있는 거고요. 찬밥에 따뜻한 카레를 얹는 것도 물론 맛있지만요.

Q094.

향을 맡거나
맛을 보는 타이밍은
언제가 가장 좋나요?

A. 조리하는 동안에는 계속해서 향의 변화를 즐겨보세요. **맛보는 횟수는 적으면 적을수록 좋은 것** 같습니다. 자꾸 맛을 보면 점점 헷갈리니까요. 전 기본적으로 마지막 한 번만 맛보는 경우가 많습니다.

Q095.

카레에 어울리는
일식 재료나 중식 재료가 있나요?

A. **카레는 어떤 재료와도 잘 어울립니다.** 일본 식다시는 카레덮밥이나 카레소바 등에 잘 어울리고, 중식의 두반장이나 두시장(검은 콩을 발효시킨 후 마늘을 더한 소스)으로는 독특한 카레를 만들 수 있습니다. 우엉이나 쑥갓 등 향이 강한 채소도 추천합니다. 다음에 개발하려는 새로운 장르 중 「중화 카레」가 있습니다. 이미 존재하는 것이지만, 체계적으로 정리해 차근차근 새로운 맛을 만들어 가고 싶네요.

Q096.

카레에서 허브의 역할과
추천 사용법을 알려주세요.

A. 허브란 향신료라고 불리는 것 중에서 「잎」 부분을 가리킵니다. 즉 **허브는 향신료의 친구인 셈이지요. 신선한 허브라면 마지막에 넣는 것**을 추천합니다. 앞으로 허브카레가 주목받을 거예요.

Q097.

카레 만드는 데 도움이 되는
취미가 있나요?

A. **음악이 좋다고 봐요.** 소리를 늘어놓고 멜로디를 만들거나 화음을 만들거나 하는 것은, 향신료를 블렌딩하는 행위와 공통점이 많습니다. 요리할 때도 먹을 때도 마음에 드는 음악을 틀면 흥도 나고요.

Q098.

전에 남인도계 카레를 만들었을 때
뒷맛이 썼었는데,
무엇이 잘못됐을까요?

A. **레시피가 잘못된 것 아닐까요?** 이 책의 레시피대로라면 쓰지 않을 겁니다. 다만 조리 도중에 재료가 타 버리면 쓴맛이 나는 경우도 있으니까 주의합시다.

Q099.

미즈노 스타일에서,
어떤 향신료의 향이
「스파이시」 하다고 느끼나요?

A. 향신료 모두 스파이시하다고 느끼지만, **펜넬이나 카다몬 등 화려한 향을 가진 것에서 스파이시함을 느낍니다.** 반대로 커민이나 산초 등 자극적인 것은 신기하게도 그다지 스파이시하다고 느끼지 않네요.

Q100.

카레가 매울 때,
매운맛을 줄일 수 있는
조미료나 재료가 있나요?

A. 매운 카레를 맵지 않게 만드는 것, 매운 요리에서 매운맛을 제거하는 것은 불가능합니다. 단, 마스킹 효과로 실제보다 매운맛을 덜 느끼게 할 수는 있습니다. **날달걀처럼 혀 주변을 코팅해 줄 것 같은 재료가 좋을 것 같네요.**

틴 팬 카레

미즈노 진스케가 이 책을 만들기 위해 결성한 카레 전문가 7인
방. 각자의 풍부한 개성이 보여주는 다양한 카레는 맛있을 뿐 아
니라, 아이디어 또한 풍부하다. 초보자뿐 아니라 카레 마니아도
좋아할 만한 370가지 레시피를 소개한다.

미즈노 진스케

레시피와 함께 향신료 세트를 정기적으로
제공하는 서비스 「AIR SPICE」의 대표. 카
레와 관련된 다양한 수업을 진행하는 「카레
학교」 주최자이기도 하다. 세계를 여행하면
서 카레에 대한 현지 조사를 하고 있다. 카
레에 관한 저서가 60권 이상이다.

좋아하는 레시피

그린카레
(깽 키아우 완)

이토 사카리

판타스틱 카레 그룹 「도쿄 카레 반장」의 리
더로, 일본 각지에서 라이브 쿠킹을 진행한
다. 잡지, 서적, WEB 등에서 레시피 소개나
카레 관련 상품 감수, 음식점 메뉴 개발 등
폭넓은 분야에서 활약 중이다.

좋아하는 레시피

가지조림풍
생강다시간장 카레

사토 고지

1974년 사이타마현 출생. ANA호텔에서 근
무하다 이탈리아로 건너가, 음식점에서 경
험을 쌓았다. 귀국 후 「AROSSA」에서 근무
했고, 독립하여 포르투갈 음식점 「크리스티
아노」를 오픈했다. 현재는 「Pork Vindaloo」
를 포함해 6개 매장을 운영하고 있다.

좋아하는 레시피

편의점 오이절임 아차르

시마 겐타

산겐자야 「블랑주리 시마」의 오너 셰프. 주문
을 받자마자 갓 튀겨 내는 「튀김 카레빵」으로
제1회 카레빵 그랑프리 동일본 튀김 카레빵
부문에서 최고금상을 수상했다. 유튜브와 팟
캐스트 채널을 운영하는 멀티 셰프.

좋아하는 레시피

카레빵

샨카르 노구치

인도 출신 할아버지가 세운 「인도 아메리칸
무역회사」의 3대째 사장. 인도식품의 수입
이나 오리지널 상품을 개발, 판매한다. 향신
료 헌터로도 활동하며 세계 향신료를 spice.
tokyo에서 소개하고 있다.

좋아하는 레시피

램 부나

나이르 요시미

인도 독립운동가인 할아버지 A. M. 나이르
가 창업한, 긴자의 오래된 인도음식점 「나
이르 레스토랑」의 3대째. 고아주의 최고급
호텔 「Cidade de Goa」에서 견습한 후 귀
국, 요리교실을 비롯해 레시피북 출간, TV
출연 등을 진행 중이다.

좋아하는 레시피

케랄라 스튜

와타나베 마사유키

런던의 인도요리점 「Ma Goa」, 주방이 달린
차로 이동판매하는 「도쿄 카레 반장」의 「카
레 차」에서 견습했다. '섞어 먹으면 더 맛
있는 카레'라는 콘셉트의 카레집 「TOKYO
MIX CURRY」에서 셰프를 맡고 있다.

좋아하는 레시피

돼지고기 블랙키마

CURRY NO RECIPE DAIZUKAN 370
ⓒ JINSUKE MIZUNO 2023
Originally published in Japan in 2023 by Mynavi Publishing Corporation., TOKYO,
Korean translation rights arranged with Mynavi Publishing Corporation., TOKYO,
through TOHAN CORPORATION, TOKYO and EntersKorea Co., Ltd., SEOUL.
Korean translation rights ⓒ 2025 by Donghak Publishing Co. Ltd.

일본어판 스태프
사진_ 河口朋輝(STUDIO P-BOUZU) ／ 디자인_ 増田啓之(TARO) ／ 일러스트_ 久嶋祐太
편집_ Natsumi.S(Mynavi Publishing), 松原芽未(MOSH books), 伊藤彩野(MOSH books), 熊谷洋史(MOSH books)
교정_ 菅野ひろみ ／ 촬영협력_ UTUWA

옮긴이 용동희
다양한 분야를 넘나들며 활동하는 푸드디렉터. 메뉴 개발, 제품 분석, 스타일링 등 활발한 활동을 이어가고 있다.
현재 콘텐츠 그룹 CR403에서 요리와 스토리텔링을 담당하고 있으며, 그린쿡과 함께 일본 요리책을 한국에 소개하는 요리 전문 번역가로도 활동하고 있다.

카레 레시피 370

펴낸이 유재영 ∣ **펴낸곳** 그린쿡 ∣ **지은이** 미즈노 진스케 ∣ **옮긴이** 용동희
편 집 이준혁 ∣ **디자인** 정여원

1판 1쇄 2025년 2월 10일
출판등록 1987년 11월 27일 제10-149
주소 04083 서울 마포구 토정로 53 (합정동)
전화 324-6130, 6131 **팩스** 324-6135

E 메일 dhsbook@hanmail.net
홈페이지 www.donghaksa.co.kr·www.green-home.co.kr
페이스북 www.facebook.com / greenhomecook
인스타그램 www.instagram.com/__greencook/

ISBN 978-89-7190-900-3 13590

• 잘못된 책은 구매처에서 교환하시고, 출판사 교환이 필요할 경우에는 사유를 적어 도서와 함께 위의 주소로 보내주세요.